设计口 普通高等教育艺术设计类·新形态教材·

微课视频版

Creo6.0
产品造型设计与实例

袁和法 傅瑜 许昂 编著

U0173209

中国水利水电出版社
www.waterpub.com.cn
·北京·

内 容 提 要

本书以 Creo Parametric 6.0（简称 Creo 6.0）软件为设计工具，通过产品造型设计案例讲解测绘产品、设计产品和产品建模的思路及方法。全书共 4 章，内容包括：Creo 6.0 软件概述、产品造型设计范例、产品造型精选实例、课程设计实例。

本书配有教学视频、案例 Creo 6.0 源文件等教学资源。扫描书中二维码，可在移动客户端观看学习相关资源；获取封底激活码，即可线上阅读数字教材、下载数字资源。

本书可作为高等院校工业设计和产品设计专业教材使用，也可作为工业设计和产品设计从业人员的培训及自学用书使用。

图书在版编目（CIP）数据

Creo 6.0 产品造型设计与实例：微课视频版 / 袁和法，傅瑜，许昂编著. -- 北京：中国水利水电出版社，2021.9
普通高等教育艺术设计类新形态教材
ISBN 978-7-5170-9703-7

Ⅰ. ①C… Ⅱ. ①袁… ②傅… ③许… Ⅲ. ①产品设计－造型设计－计算机辅助设计－应用软件－高等学校－教材 Ⅳ. ①TB472-39

中国版本图书馆CIP数据核字(2021)第127395号

书　　名	普通高等教育艺术设计类新形态教材 **Creo 6.0产品造型设计与实例（微课视频版）** Creo 6.0 CHANPIN ZAOXING SHEJI YU SHILI （WEIKE SHIPIN BAN）
作　　者	袁和法　傅　瑜　许　昂　编著
出版发行	中国水利水电出版社 （北京市海淀区玉渊潭南路1号D座　100038） 网址：www.waterpub.com.cn E-mail：sales@waterpub.com.cn 电话：（010）68367658（营销中心）
经　　售	北京科水图书销售中心（零售） 电话：（010）88383994、63202643、68545874 全国各地新华书店和相关出版物销售网点
排　　版	中国水利水电出版社微机排版中心
印　　刷	北京科信印刷有限公司
规　　格	210mm×285mm　16开本　13.5印张　390千字
版　　次	2021年9月第1版　2021年9月第1次印刷
印　　数	0001—3000册
定　　价	80.00元

凡购买我社图书，如有缺页、倒页、脱页的，本社营销中心负责调换

版权所有·侵权必究

前言

Creo Parametric 是美国PTC公司的标志性软件，它整合了PTC公司的3个软件技术：Pro/E的参数化技术、CeCreate的直接建模技术和Product View的三维可视化技术的新型CAD/CAM/CAE设计软件。自问世以来，Creo Parametric凭借其强大的功能，已成为当今世界最流行的CAD/CAM/CAE软件之一，被广泛应用于机械、模具、汽车、家电、玩具等制造行业的产品设计，特别是产品结构设计。

Creo 6.0版本又增加了新功能，主要有：①增强现实协作，每个 Creo 许可证都已拥有基于云的 AR 功能，可以查看、分享设计，与同事、客户、供应商和整个企业内的相关人员安全地进行协作，还可以随时随地访问设计；② 仿真和分析，由 ANSYS 提供支持的Creo Simulation Live 可在建模环境中提供快捷易用的仿真功能，对设计决策作出实时反馈，从而加快迭代速度并能考虑更多选项；③ 增材制造，Creo 6.0 新增晶格结构、构建方向定义和 3D 打印切片，为增材制造设计提供更加完善的功能和更大的灵活性；④主要工作效率的改进，现代化界面带来更优良的用户体验，提高了工作效率。如用于创建和修改功能的全新迷你工具栏、现代化的功能仪表板、改进的模型树等。

编写本书的目的是让读者通过书中精选实例，更好地学习和掌握各种产品的建模思路和方法，并熟悉企业产品研发中使用Creo软件的方法和设计流程。

此外，编写本书还基于以下3点原因： ① 当前工业设计公司和企业产品研发中需要设计师使用Creo软件完成曲面建模已是一种要求和趋势，因为它既可缩短产品研发周期又能提高设计的效率和协同性；②目前Creo设计参考书主要是面向机械制造工程或模具设计专业师生和技术人员，其案例的曲面设计和综合性相对较简单，难以适应工业设计和产品设计师生的要求；③ 本书作者在完成上海市教委本科重点建设教改课题"基于培养工业设计专业设计实践能力的双导师制教学改革研究与实践 —— 以计算机辅助产品设计课程为例"的过程中，引入企业导师制，采用产教融合教学方式，探索了一些提高学生设计实践能力的方法和形式，使学生的Creo设计能力更好地对接企业的岗位实际要求。借此，将课题成果向同行作一汇报，恳盼大家给与批评和指正。

本书特点：①编写内容全为产品实例；②案例突出建模思路分析和讲解；③编写方式摒弃传统软件教学先讲命令再讲案例的方法，采用真实产品建模分析和讲解，在实例中既学建模命令又学建模思路和技巧，使教学与设计实务相结合，所学知识技能与岗位能力相结合；④本书提供所有案例建模源文件和两个案例的视频教学文件，便于读者自学。

本书作者上海第二工业大学袁和法负责全书内容规划和统稿工作，并撰写第1章和第3章；上海木马工业产品设计公司傅瑜负责撰写第2章；上海第二工业大学许昂负责撰写第4章和全书编排设计工作。

本书在编写过程中，采用了课程教学过程中指导学生完成的一些作业案例，在此向王红、常梦佳、史笑芸等学生表示感谢！

袁和法

2021年3月

作者简介

袁和法

上海第二工业大学工业设计系系主任、副教授
上海市图学学会常务理事兼工业设计专业委员会主任
上海工业设计协会理事、中国机械工程学会工业设计分会理事

从事机械设计和工业设计30多年，设计的产品曾荣获德国IF设计奖、中国红星奖、中国国际工业博览会优秀工业设计奖等。主要教学科研方向为产品设计、计算机辅助工业设计、设计图学等。

主编和编著图书：主编"十一五"国家级艺术设计规划教材《设计制图》和"十二五"工业设计专业规划教材《设计图学》；合著《产品设计草图与马克笔技法》（获中国纺织工业协会优秀图书奖）；编著《Pro/ENGINEER Wildfire 产品造型设计》。

傅　瑜

上海木马工业产品设计有限公司结构部经理
供应链管理整合师

从事产品结构设计已有15年，参与设计的产品曾荣获德国红点奖、IF设计奖，美国IDEA设计奖、G-MARK设计奖，中国红星奖金奖等。

许　昂

现上海第二工业大学工业设计系助教
东华大学产品设计系硕士
上海市图学学会会员

主要授课：计算机辅助设计、设计思维与表达、展示设计、设计调研与营销策略。

目 录
CONTENT

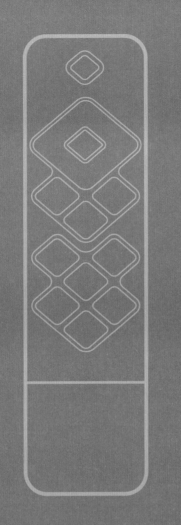
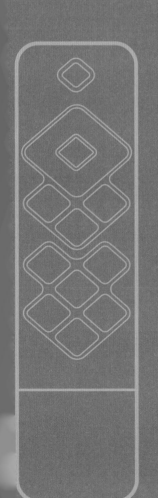
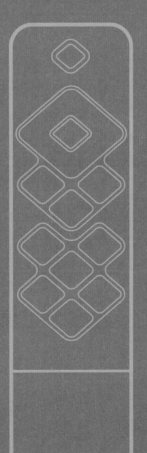

01

Creo 6.0

软件
概述

SOFTWARE OVERVIEW

- Creo 6.0简介

- Creo 6.0基本操作

- Creo 6.0安装

- Creo 6.0系统文件配置

CREO 6.0
OVERVIEW

创维coocaa 电视机遥控器 K50J

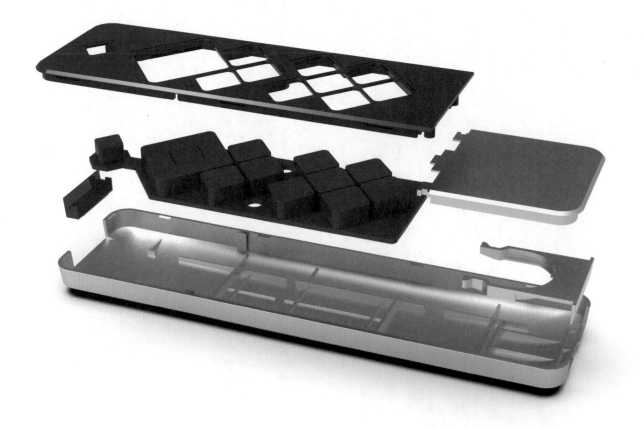

1.1 Creo 6.0简介

Creo软件是一套由美国PTC公司推出的三维设计至生产的自动化工程软件。它是一个基于特征造型的参数化软件，具有单一数据库功能。

1. Creo 6.0界面环境

Creo操作界面是人机交互的工作平台，其界面的人性化和快捷化随着版本的不断升级越来越友好和方便。

2. 启动Creo Parametric 6.0

安装Creo Parametric 6.0软件后，双击桌面上Creo Parametric 6.0图标，启动初显示如图1所示，通过图形区中的浏览器可查看PTC公司的信息。

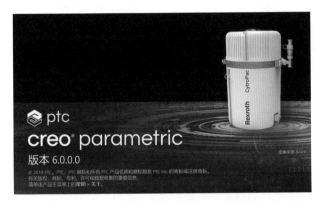
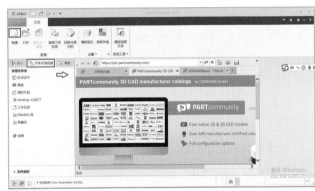

图1

在"主页"选项卡中，可以新建或打开已保存文件，可设置工作目录，可设置模型、系统的色彩等操作。设置工作目录可方便文件管理、配置参数和提高工作效率。

在单击"新建"文件后，会出现软件模块类型和子类型。在零件模块中有"英制和公制"模板可供选择，如图2所示。使用默认模板为英制，取消使用默认模板，可选择下图的公制模板"mmns_part_solid"。

图2

3. Creo 6.0零件设计环境介绍

Creo Parametric 6.0的零件设计界面是Creo最为常用的模块之一，其他功能模块界面就不一一介绍了。零件设计界面由快速访问工具栏、菜单栏、功能区、导航区、图形区、前导视图工具栏、信息栏和过滤器等组成，如图3所示。

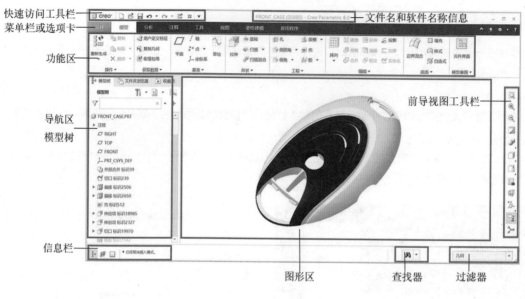

图3

①功能区：选项卡集合了Creo的所有功能。最小化功能区可扩大图形区的范围。

②导航区：由模型树、层树、文件夹浏览器和收藏夹等。

       模型树：活动对象所有特征、对特征进行修改。

       层树：将相同的特征放在一类。

③信息栏：提示信息，查看多行，鼠标拖动。

④图形区：创建，编辑，查看。

  图形工具栏：功能区常用的命令放在这里，节省时间。

⑤过滤器：快速选取几何特征,过滤掉一些不需要的特征。

快速访问工具栏中可以添加常用的命令，方法如图4所示，添加后会在工具栏出现如图4右边框中的图标。

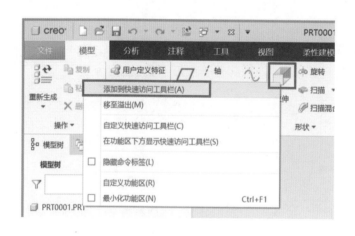

图4

添加常用命令的另一种方法，可通过文件中的选项 ▶ 自定义 ▶ 快速访问工具栏 ▶ 选取你需要导出的命令 ▶ 确定导出完成，如图5所示。

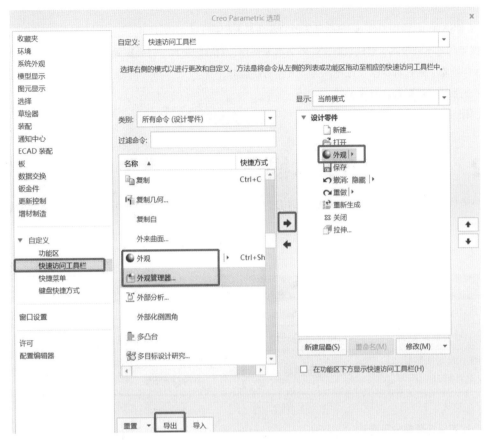

图5

将常用命令添加到快捷访问工具栏后，再将功能区最小化，这样能最大利用图形区来设计。另外，可根据个人习惯设置前导视图工具栏的位置，如图6所示。

图6

4. Creo 6.0的文件管理与保存

管理文件与管理会话

管理文件：

功能区 ▶ 文件选项 ▶ 管理文件 ▶ 重命名（单独重命名会出错）

Creo文件保存时，不会覆盖，而是以新文件新版本来保存。删除旧版本，就会删除以前的版本。

另存为：保存副本，新名称保存，或不同类型文件格式保存。

管理会话（在会话中就是在内存中）：

拭除当前、消除当前会话。

1.2　Creo 6.0基本操作

在Creo软件操作中，鼠标的左、中、右键和键盘的"Shift""Ctrl""Alt"键的联合使用，有特殊作用，具体见表1。

表1

快捷键	含义	快捷键	含义
鼠标中键转动	图形放大和缩小	按鼠标左键	选取对象或命令
按鼠标中键并移动鼠标	图形按显示轴转动	操作中轻点鼠标右键	弹出对话框供选择命令
按Shift键＋同时按鼠标中键并移动	图形对象平移	按Shift键＋同时按鼠标中键并移动	图形对象翻转

另外，Creo自定义快捷命令见表2。

表2

快捷键	含义	快捷键	含义	快捷键	含义
F1	设置工作目录	F4	参考	F8	定向与屏幕平行
F2	打开	F5	模型树切换		
草绘｜sketch					
Sa	圆弧	SC	中心线	SD	标注
SE	使用边	SG	画直线	SR	画圆
SX	删除	TR	修剪	REC	矩形
SS	约束	SW	偏距边	SQ	完成
SF	替换				
视图｜VIEW					
VA	隐藏线视图	VS	着色视图	VD	基准平面
VB	图层	VC	颜色设置	VT	模型树设置
VF	重定向	TO	俯视图	FR	前视图
RI	右视图				

表2(续)

快捷键	含义	快捷键	含义	快捷键	含义
编辑｜EDIT					
ED	修改尺寸	ER	重定义	AC	激活
XS	剖截面	EC	复制	EA	阵列
文件｜FILE					
FEC	拭除显示	FED	拭除不显示		
创建｜CTEAT					
CS	创建实体	CC	剪切材料	CH	倒角
FR	倒圆角	DR	拔模	DA	建立基准面
CQ	使用面组创实体	RR	再生		
曲面｜FACE					
FS	创建曲面	FC	曲面复制	FB	边界
FW	偏距曲面	FM	曲面合并	EX	延拓曲面
FF	曲面替换	FT	曲面裁剪	FQ	曲面剪切实体
曲线｜Curves					
TT	通过点建曲线	CX	曲线菜单	DG	一般视图
常用快捷键					
Ctrl+O	打开文件	Ctrl+N	新建文件	Ctrl+S	保持文件
Ctrl+P	打印文件	Delete	删除特征	Ctrl+F	查找
Ctrl+D	返回默认模式	Ctrl+R	屏幕刷新	Ctrl+A	窗口激活
Ctrl+T	加强草绘尺寸	Ctrl+G	草绘时切换结构	Ctrl+Z	后退
Ctrl+R	前进	Ctrl+Alt+A	草绘时全选	Shift+右键	约束锁定

1. 模型显示

前导视图工具栏  中各快捷命令是操作中常用的，各项命令的含义当鼠标光标移至其上会有中文显示。需要增设此工具栏的内容、大小、位置可用光标选中工具栏按鼠标右键，会弹出各种可选图标。工具栏右下角带黑色三角形表示点击黑三角还有多项含义。

图7所示红色框中是前导视图工具栏中的各项显示状态和特点。

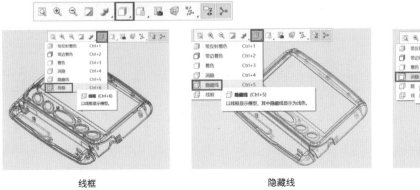

线框 　　　　　　　　　隐藏线 　　　　　　　　　消隐

图7(一)

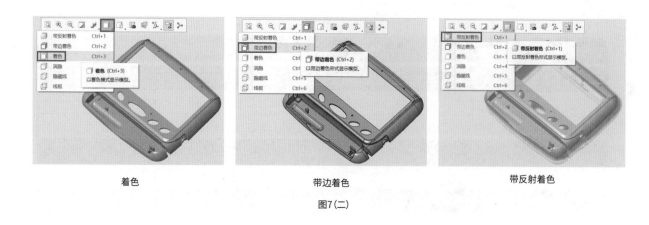

着色　　　　　　　　　　　　带边着色　　　　　　　　　　　带反射着色

图7(二)

2. 控制视图方向

各方向的视图如图8所示。

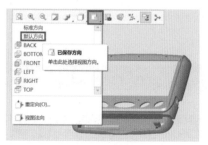

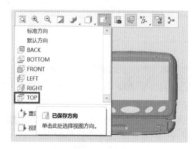

轴测视图(默认方向)　　　　　　各基本视图(TOP方向)　　　　　　透视图方向

图8

如果想自己定义视图方向，可选择重定向设置，具体操作如图9所示。

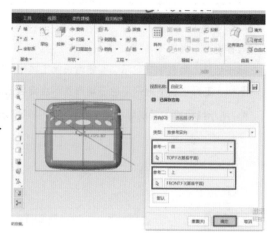

图9

1.3 Creo 6.0安装

1. Creo 6.0安装注意事项

① 该软件支持Win7 / Win8 / Win10系统安装。
② 只支持64位电脑系统。
③ 安装前退出电脑所有防护软件，如360卫士 / 杀毒、金山卫士 / 毒霸、QQ管家等（包括Win10的
自带保护软件也得关闭）。

2. Creo 6.0安装步骤

第一步：下载 PTC.Creo.6.0.0.0.Win64 安装包并解压缩（解压过程中，不要对电脑做如何操作，以免解
压失败）。

第二步：按照本书所附Creo 6.0软件安装视频演示步骤进行操作，完成Creo 6.0的安装。

Creo 6.0
安装视频

1.4 Creo 6.0系统文件配置

Creo提供了用户配置文件功能，它是用户与软件系统进行交互的一个重要方式。通过配置系统文件，用户可以使Creo
变得更适合自己的需求。Creo 6.0的配置选项如图10所示。

图10

编辑好配置后，需要导出到config.pro配置文件中，方法如下：单击 导入/导出 ▼ ，再选择 导入配置文件 命令，在弹
出的"文件打开"对话框中选择config.pro文件即可，如图 11所示。

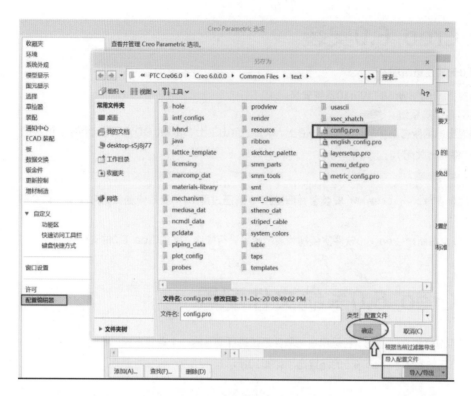

图11

（注意：除了配置编辑器中的配置需要保存在config.pro文件外，窗口设置和系统颜色设置都需要导出到文件中，否则下次启动还会回到原始状态 。）

其中窗口文件要保存到Creo_parametric_customization.ui文件中；系统颜色要保存到syscol文件夹中 。

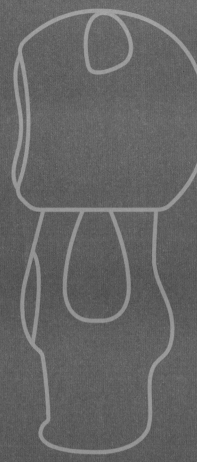

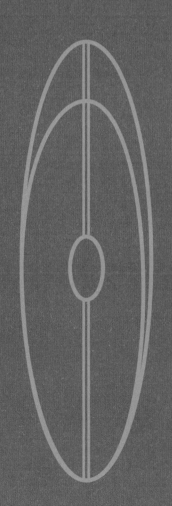

02

产品 造型 设计 范例 设计 范例

EXEMPLIFICATION

- 实例概述
- master建模步骤
- 零件建模与工程图
- 装配体生成与分解

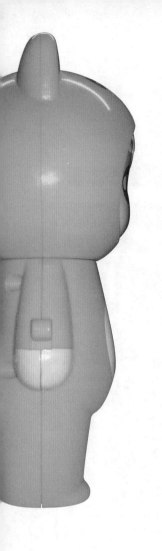

ORCARA·甲壳源·人偶型迷你风扇

DOLL FAN

本产品是一个卡通人偶型迷你风扇，产品非常适合女学生或女白领在夏季随身携带和使用。人偶高度约115mm。使用时，拿去卡通大头，里面有软布做的风扇叶，通过人偶左手侧面开关控制风扇的启停。在产品底部，即人偶"脚下"，安装两节5号电池作为电源。

CAR BLUE TOOTH

FLAIRCOMM 车载蓝牙

这是一款小巧、造型独特的车载蓝牙设备。按动设备侧面电源键启动设备，与手机进行蓝牙配对使用，通过设备顶部的红、蓝两色灯来确认是否配对成功。设备通过USB来进行充电。

2.1　人偶型迷你风扇设计

2.1.1　实例概述

如图1所示，这个产品是一个卡通人偶型的迷你风扇，产品非常适合女学生或女白领在夏季随身携带和使用，人偶高度约115mm。使用时，拿去卡通大头，里面有软布做的风扇叶，通过人偶左手侧面开关控制风扇的开关，产品在其脚底部可安装两节5号电池。

主视图

后视图

侧视图

图1

人偶风扇建模分析

产品建模的第一步需要先做master，也就是其骨架。master建模一般是通过建立基准面、基准点、草绘、样式、边界混合、曲面合并、曲面修建等命令构建出产品的骨架造型。然后通过复制几何命令调取master上的曲面，绘制各个零件。再通过组件把零件组装起来，完成装配体的建模。

2.1.2　人偶风扇master建模步骤

步骤 01

启动Creo　▶　选择工作目录　▶　新建零件master　▶　取消使用默认模板　▶　选择尺寸单位　▶　确定，如图 2所示。

微课视频

案例介绍

图2

步骤 02

在模型选项 模型 中选择单击草绘 ▶ 选择FRONT为草绘平面，确定进入草绘界面 ▶ 用 □ 矩形 ▾ 画一个 55mm x 115mm的矩形 ▶ 运用对称约束 ╫ 对称 命令使矩形上下左右对称 ▶ 点击确定完成草绘，如图3所示。

微课视频

人偶图片插入与头部建模

▶

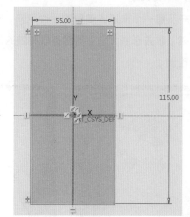

图3

步骤 03

点击模型选项中的样式命令 ▶ 然后点击视图 视图 ▶ 点击模型显示 模型显示 ▾ ▶ 点击图像 ▶ 点击导入 ▶ 根据图片需要摆放的位置（主视图、侧视图、俯视图等）选择基准面 ▶ 选择图片 ▶ 调整图片大小，将其调整到步骤01所画的草绘矩形里 ▶ 重新点击导入，换个基准面插入需要的图片 ▶ 确定完成图片插入，如图4所示。

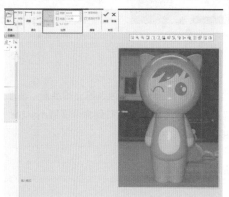

▶

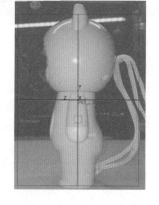

图4

步骤 04

点击草绘 ▶ 选择FRONT草绘平面，绘制头部弧线 ▶ 确定完成草绘 ▶ 点击旋转命令 旋转 ▶ 选择曲面 曲面 和选择FRONT基准面 ▶ 用投影 □ 投影 命令选取刚刚绘制的头部弧线 ▶ 绘制旋转中心线 ▶ 确定完成头部曲面，如图5所示。

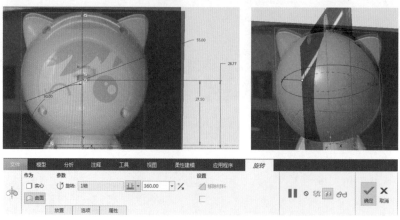

图5

步骤 05

点击草绘 🔧 ▶ 选择FRONT面为草绘平面，绘制椭圆 ◯椭圆 ▾ ▶ 确定完成草绘 ▶ 先点模型树里的刚刚绘制椭圆的草绘特征，然后点拉伸 🔧，就能直接拉伸出刚刚草绘所画的椭圆了 ▶ 选择曲面 🔧，输入拉伸深度34mm，确定完成拉伸，如图6所示。

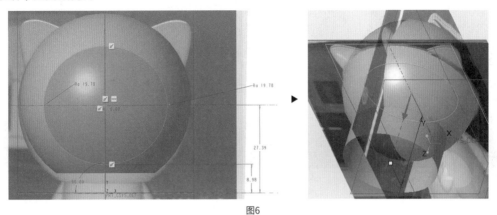

图6

步骤 06

点击修剪命令 ✂修剪 ▶ 先选要被修剪的头部，再选拉伸椭圆 ▶ 头部被修剪出一个椭圆的切口，确定完成修剪 ▶ 点击偏移命令 🔧偏移，修剪好的头部曲面向内偏移1.5mm，如图7所示。

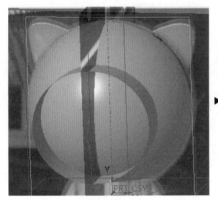 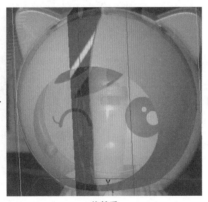 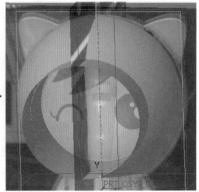

修剪前　　　　　　　　　　　　修剪后　　　　　　　　　　　　偏移1.5mm

图7

步骤 07

点击样式命令 🔧样式 ▶ 点击曲线 〰 ▶ 创建平面曲线 🔧 ▶ 设置RIGHT面为活动平面 ▶ 根据侧面图片绘制脸部曲线，如图8所示。

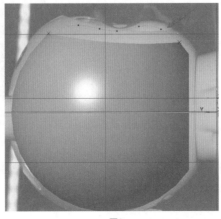

图8

步骤 *08*

点击边界混合命令 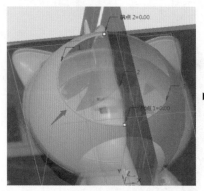 ▶ 依次选择三根线（左半椭圆线、步骤7的脸部样式线、右半椭圆线）▶ 确定完成边界混合，如图9所示。

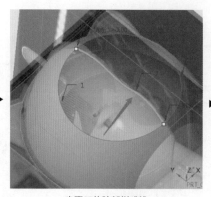
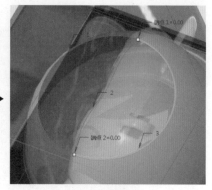

左半椭圆线　　　　　　　　　　步骤07的脸部样式线　　　　　　　　　右半椭圆线

图9

步骤 *09*

点击合并命令 合并 ▶ 选取拉伸椭圆的面和头部没有偏移的面 ▶ 确定合并，如图10所示。

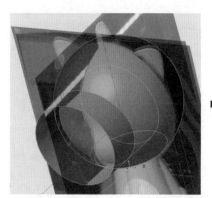
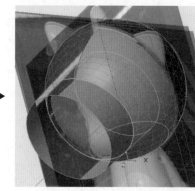
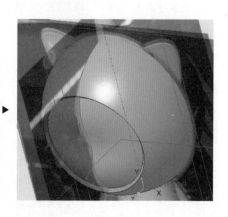

图10

步骤 *10*

点击样式命令 样式 ▶ 点击曲线 ▶ 创建平面曲线 ▶ 设置RIGHT面为活动平面 ▶ 根据侧面图片绘制台阶线，如图11所示。

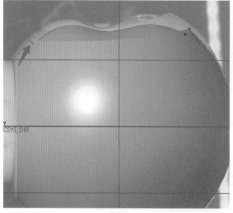

图11

步骤 11

击边界混合命令 ▶ 依次选择四根线（偏移的头部线、没有偏移的头部线、两根样式线）▶ 确定完成边界混合做出右半边脸部和头部的台阶 ▶ 同理做出左半边脸部和头部的台阶，如图12所示。

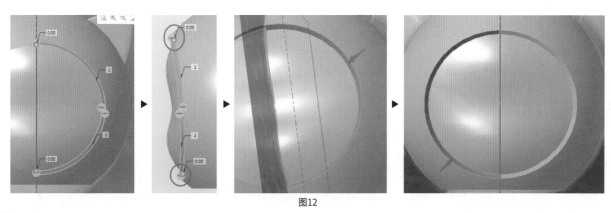

图12

步骤 12

点击模型　模型　选项中平面命令 ▶ 点击TOP面输入值19mm ▶ 确定创建一个基准面DTM1，如图13所示。

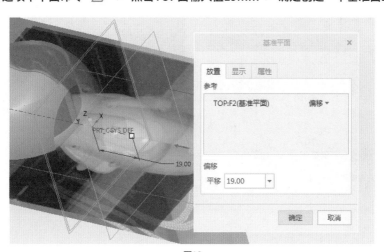

图13

微课视频

人偶身体正面曲面与腿部正面曲面建模

步骤 13

点击样式命令 样式　点击曲线 ▶ 创建平面曲线 ▶ 设置RIGHT面为活动平面 ▶ 根据侧面图片绘制人偶肚子上的曲线 ▶ 点击设置活动平面 选择FRONT面 ▶ 点击曲线 ▶ 根据正视图片绘制人偶肚子侧面的曲线 ▶ 点击设置活动平面 选择刚创建的基准面DTM1 ▶ 点击曲线 ▶ 绘制一根辅助线 ▶ 点击曲线 ▶ 点击创建自由曲线 ▶ 绘制两根自由曲线连接FRONT面上和RIGHT面上的样式线，如图14所示。

FRONT面的线、辅助线、RIGHT面的线　　　　两根自由曲线

图14

步骤 14

点击边界混合命令　　 ▶ 依次选择五根线（FRONT面的线、RIGHT面的线、自由线、辅助线、自由线）▶ 点击 RIGHT面上的约束点按右键 ▶ 选择垂直选项 ▶ 选择RIGHT面 ▶ 确定完成边界混合做出肚子的曲面，如图15 所示。

（注意：这里运用了约束垂直于RIGHT面的功能，这是为了之后镜像肚子的面做的。如果不做这一步，所有镜像的面之间是不相切的，表面会有一条 不规则的槽。）

步骤 15

点击模型 模型 选项中平面　　 命令 ▶ 点击DTM1面输入值39mm ▶ 确定创建一个基准面DTM2，如图16所示。

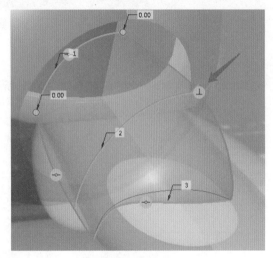

约束垂直RIGHT面
图15

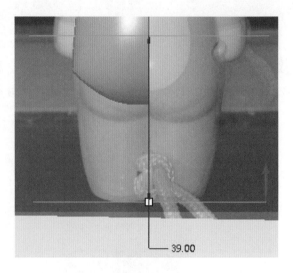

图16

步骤 16

点击样式命令　　样式 点击曲线　　 ▶ 创建平面曲线　　 ▶ 设置RIGHT面为活动平面 ▶ 根据侧面图片绘制人 偶腿的曲线 ▶ 点击设置活动平面　　 ▶ 选择FRONT面 ▶ 点击曲线　　 ▶ 根据正视图片绘制人偶腿侧面的曲线 ▶ 点击曲线　　 ▶ 点击创建自由曲线　　 ▶ 绘制一根自由曲线连接FRONT面上和RIGHT面上的样式线，如图17 所示。

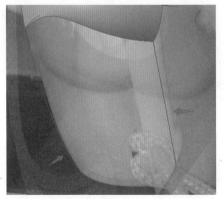

FRONT面的曲线和RIGHT面的曲线

▶

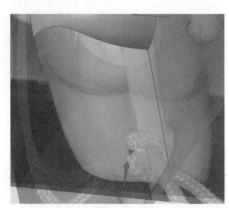

自由曲线

图17

步骤 *17*

点击边界混合命令 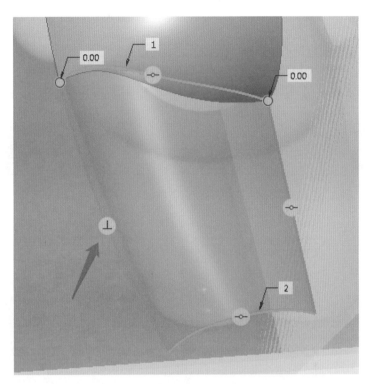 ▶ 依次选择四根线（FRONT面的线、RIGHT面的线、自由线、自由线）▶ 点击FRONT面上
的约束点按右键 ▶ 选择垂直选项 ▶ 选择FRONT面 ▶ 确定完成边界混合做出腿部的曲面，如图18所示。

图18

步骤 *18*

点击模型 模型 选项中平面 ▱ 命令 ▶ 点击DTM1面输入值9mm ▶ 确定创建一个基准面DTM3，如图19所示。

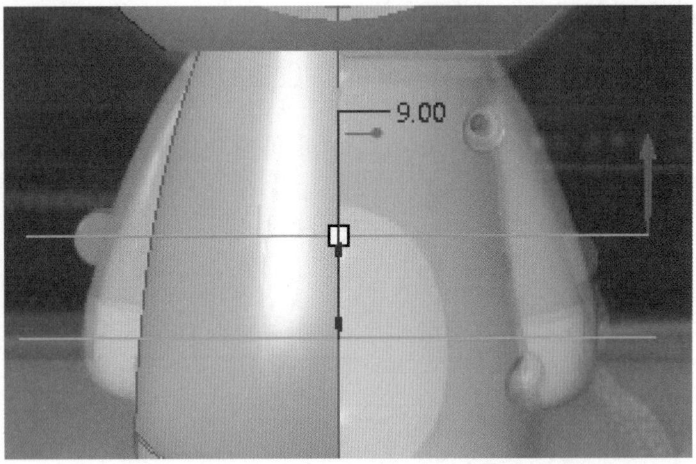

微课视频

人偶身体背面
曲面与腿部背
面曲面建模

图19

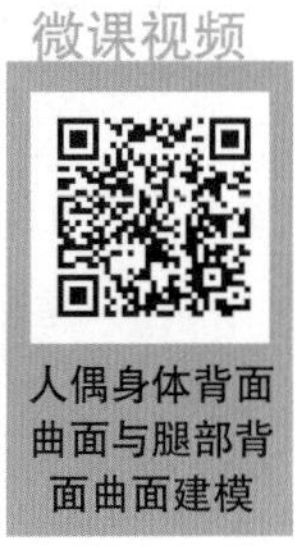

步骤 *19*

点击样式命令 样式　点击曲线 ～ ▶ 点击创建平面曲线 ▶ 选择基准面RIGHT面 ▶ 根据侧面图片绘制人偶背部曲线 ▶ 点击设置活动平面 ▶ 选择DTM3基准面 ▶ 点击曲线 ～ ▶ 绘制一根辅助线 ▶ 点击曲线 ～ ▶ 点击创建自由曲线 ～ ▶ 绘制一根自由曲线连接FRONT面上和RIGHT面上的样式线，如图20所示。

步骤 *20*

点击边界混合命令 ▶ 依次选择四根线（FRONT面的线 、RIGHT面的线、自由线、DTM3上的曲线）▶ 点击RIGHT面上的约束点按右键 ▶ 选择垂直选项 ▶ 选择RIGHT面 ▶ 确定完成边界混合做出背部的曲面，如图21所示。

图20

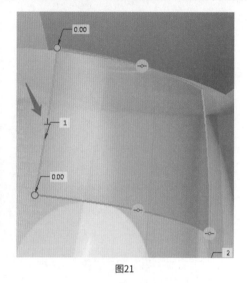
图21

步骤 *21*

点击模型 模型　选项中平面 命令 ▶ 点击DTM1面输入值6mm ▶ 确定创建一个基准面DTM8 。

步骤 *22*

点击样式命令 样式　点击曲线 ～ ▶创建平面曲线 ▶设置RIGHT面为活动平面 ▶ 根据侧面图片绘制人偶臀部的曲线 ▶ 点击设置活动平面 ▶ 选择DTM1基准面 ▶ 点击曲线 ～ ▶ 绘制一根辅助线 ▶ 点击设置活动平面 ▶选择DTM8基准面 ▶ 绘制一根辅助线 ▶ 点击曲线 ～ ▶ 点击创建自由曲线 ～ ▶ 绘制一根自由曲线连接FRONT面上和RIGHT面上的样式线，如图22所示。

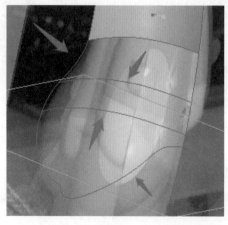
图22

步骤 23

点击边界混合命令 ✏️ ▶ 依次选择六根线（FRONT面的线、RIGHT面的线、背部样式线、DTM1上的曲线、DTM8上的曲线、自由线）▶ 点击背部样式线上的约束点按右键 ▶ 选择相切选项 ▶ 选择背部面 ▶ 确定完成边界混合做出人偶臀部的曲面，如图23所示。

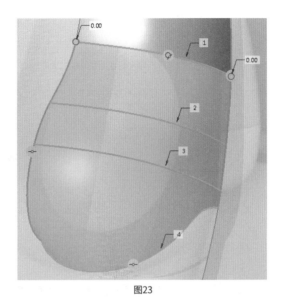

图23

步骤 24

点击样式命令 样式 点击曲线 〰️ ▶ 创建平面曲线 ◹ ▶ 设置RIGHT面为活动平面 ▶ 根据侧面图片绘制人偶腿背部的曲线点击设置活动平面 ▱ 选择DTM2基准面 ▶ 点击曲线 〰️ ▶ 绘制一根自由曲线连接FRONT面上和RIGHT面上的辅助线，如图24所示。

步骤 25

点击边界混合命令 ✏️ ▶ 依次选择四根线（FRONT面的线、RIGHT面的线、背部样式线、DTM2基准面上的曲线）▶ 确定完成边界混合做出腿背部的曲面，如图25所示。

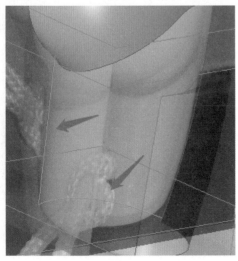

图24

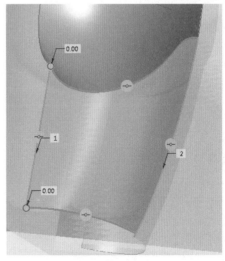

图25

步骤 26

点击模型　模型　选项中平面　▱　命令 ▶ 点击RIGHT基准面输入值13mm ▶ 确定创建一个基准面DTM4，如图26所示。

微课视频

人偶手臂建模
与身体、腿部
曲面细节建模

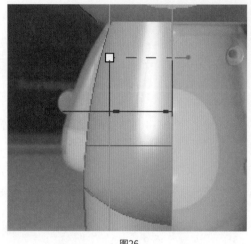

图26

步骤 27

点击草绘　〜 ▶ 选择FRONT面为草绘平面，进入草绘界面 ▶ 根据主视图绘制右臂的正面曲线，如图27所示。

步骤 28

点击草绘　〜 ▶ 选择DTM4为草绘平面，进入草绘界面 ▶ 点击样条命令　〜样条 ▶ 根据侧视图绘制右臂的侧面曲线，如图28所示。

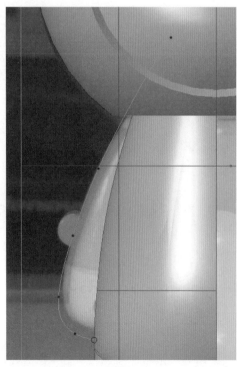

图27

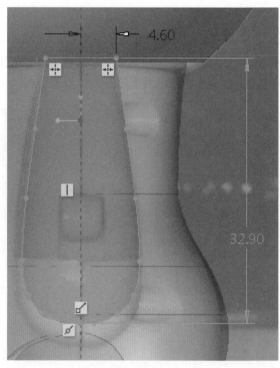

图28

步骤 29

把鼠标箭头移动到草绘的侧面线上，右键让其中一根线亮起来，然后点左键选中 ▶ 点击投影命令 ⚙ 投影 ▶ 选择肚子的曲面 ▶ 确定完成投影线，如图29所示。

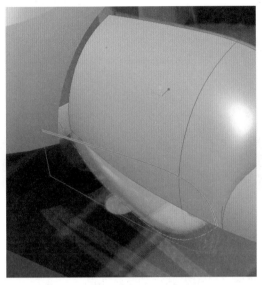 ▶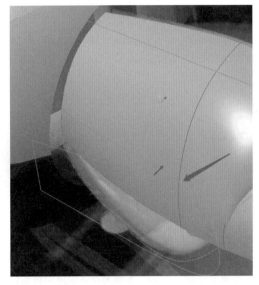

图29

步骤 30

点击样式命令 ⬚样式　点击曲线 ～ ▶ 创建平面曲线 ⬚ ▶ 设置DTM1面为活动平面 ▶ 绘制一条辅助线 ▶ 点击设置活动平面 ⬚ 选择DTM3基准面 ▶ 点击曲线 ～ ▶ 绘制一根辅助线 ▶ 点击设置活动平面 ⬚ 选择TOP基准面 ▶ 点击曲线 ～ ▶ 绘制一根辅助线 ▶ 点击曲线 ～ ▶ 绘制一根自由曲线连接FRONT面上和投影面上的连接线，如图30所示。

步骤 31

点击边界混合命令 ⬚ ▶ 依次选择四根线（FRONT面的线、RIGHT面的线、背部样式线、DTM2基准面上的曲线）确定完成边界混合做出腿背部的曲面，如图31所示。

图30

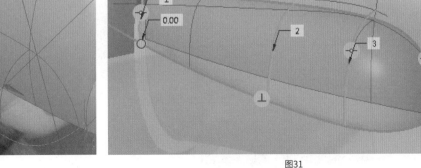

图31

步骤 *32*

点击拉伸命令 📎 ▶ 选择FRONT基准面进入草绘界面 ▶ 点击中心线 中心线 绘制一根与RIGHT基准面重合的中心线 ▶ 点击草绘画线命令 线▼ 绘制一根线 ▶ 点击约束左右对称 对称 让直线与中心线左右对称 ▶ 标注尺寸 ↔ ▶ 确定完成草绘 ▶ 选择曲面选项 🔲 ▶ 选择两边拉伸 ⊟▼ 选项，输入数值 ▶ 确定完成拉伸曲面，如图32所示。

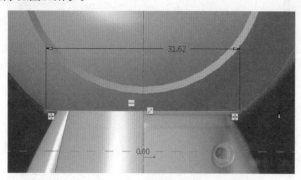 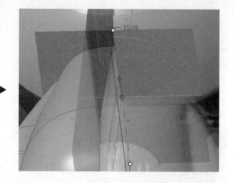

图32

步骤 *33*

点击修剪命令 修剪 ▶ 先选要被修剪的肚子部，再选拉伸直面 ▶ 把肚子超出直面的部分切掉，确定完成修剪 ▶ 再点击修剪命令 修剪 按照同样步骤把手臂和背部的曲面都通过直面切平，如图33所示。

 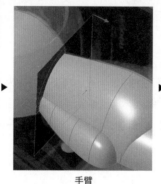 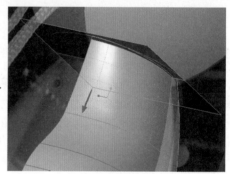

肚子　　　　　手臂　　　　　背部曲线

图33

步骤 *34*

点击拉伸命令 📎 ▶ 选择RIGHT基准面进入草绘界面 ▶ 点击中心线 中心线 绘制一根与FRONT基准面重合的中心线 ▶ 点击草绘画线命令 线▼ 绘制一根线 ▶ 点击约束左右对称 对称 让直线与中心线左右对称 ▶ 标注尺寸 ↔ ▶ 确定完成草绘 ▶ 选择曲面选项 🔲 ▶ 选择双向拉伸 ⊟▼ 选项，输入值35mm ▶ 确定完成拉伸曲面，如图34所示。

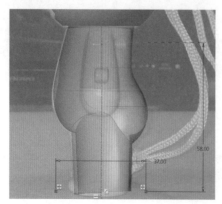

图34

步骤 35

点击修剪命令 ⬚修剪 ▶ 先选要被修剪的腿的曲面，再选拉伸直面 ▶ 把腿部曲面超出直面的部分切掉，确定完成修剪，如图35所示。

图35

步骤 36

点击拉伸命令 ⬚ ▶ 选择RIGHT面进入草绘界面 ▶ 点击中心线 中心线▾ 绘制一根与FRONT基准面重合的中心线 ▶ 点击草绘画线命令 ╲线▾ 绘制一根线 ▶ 点击约束左右对称 ➕对称 让直线与中心线左右对称 ▶ 标注尺寸 ↔ ▶ 确定完成草绘 ▶ 选择曲面选项 ⬚ ▶ 选择双向拉伸 ⬚▾ 选项，输入值35mm ▶ 确定完成拉伸曲面，如图36所示。

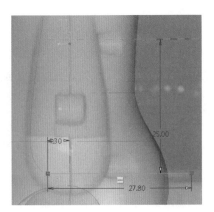 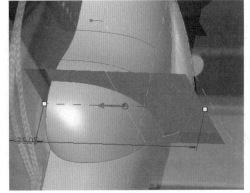

图36

步骤 37

点击修剪命令 ⬚修剪 ▶ 先选要被修剪的臀的曲面，再选拉伸直面 ▶ 把臀部曲面超出直面的部分切掉，确定完成修剪，如图37所示。

 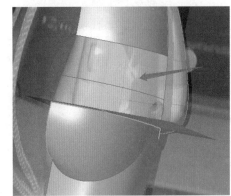

图37

（注意：这里为什么要把原本做好的曲面切掉？因为臀部的曲面是由边界混合通过六根线混合而成的，曲面的自由度比较大，会影响曲面质量，所以需要切掉质量不好的面，然后再通过边界混合补一个面，通过约束做出质量较高的曲面。）

步骤 38

点击边界混合命令 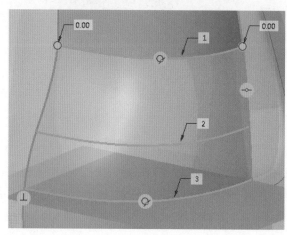 ▶ 依次选择五根线（FRONT面的线、RIGHT面的线、背部样式线、DTM1上的曲线、DTM8上的曲线）▶ 点击背部样式线上的约束点按右键 ▶ 选择相切选项 ▶ 选择背部面 ▶ 点击DTM8基准面上的样式线上约束点按右键 ▶ 选择相切选项 ▶ 选择臀部面 ▶ 点击RIGHT基准面上的样式线上约束点按右键 ▶ 选择垂直选项 ▶ 选择RIGHT面 ▶ 确定完成边界混合做出臀部的曲面，如图38所示。

图38

步骤 39

选取背部曲面 ▶ 按住Ctrl选取臀部的面和刚刚新补的面 ▶ 点击合并命令 合并 ▶ 确定完成曲面合并，如图39所示。

步骤 40

点击样式命令 样式 点击曲线 ▶ 创建平面曲线 ▶ 设置FRONT面为活动平面 ▶ 根据主视图人偶耳朵绘制一条轮廓线 ▶ 点击曲线 ▶ 绘制一根自由曲线连接FRONT面上两点的连接线 ▶ 点击曲线 ▶ 绘制一根自由曲线作为耳朵的辅助线，如图40所示。

微课视频

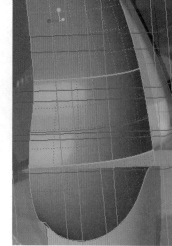

人偶耳朵与脚
掌曲面建模

图39

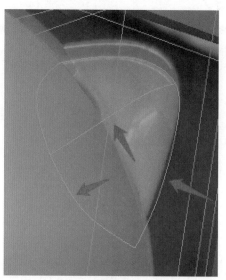

图40

步骤 41

点击边界混合命令 ▱ ▶ 依次选择三根线（FRONT面的线、连接FRONT面上线的自由线、自由辅助线） ▶ 点击
FRONT样式线上的约束点按右键 ▶ 选择垂直选项 ▶ 选择FRONT面 ▶ 确定完成边界混合做出耳朵的曲面，如图41
所示。

步骤 42

点击拉伸命令 ▱ ▶ 选择FRONT面进入草绘平面 ▶ 点击投影命令 ▱ 投影 ▶ 点击耳朵的轮廓线 ▶ 确定完成耳朵
轮廓线绘制 ▶ 确定完成草绘 ▶ 选择曲面选项 ▱ ▶ 选择单向拉伸选项 ▱ ，输入值4mm ▶ 确定完成拉伸曲面，
如图42所示。

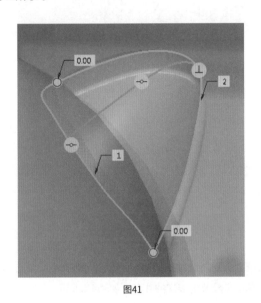

图41

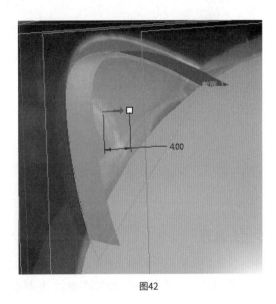

图42

步骤 43

点击样式命令 ▱样式 点击曲线 ∿ ▶ 创建平面曲线 ▱ ▶设置DTM2面为活动平面 ▶ 根据视图中人偶的脚掌绘
制一条轮廓线 ▶ 点击设置RIGHT面为活动平面 ▶ 点击曲线 ∿ ▶ 绘制一条脚趾的线条，如图43所示。

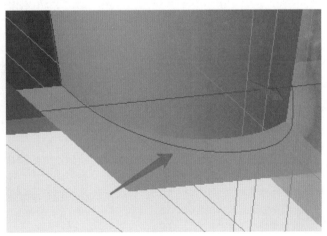

图43

📘 步骤 44

点击模型 模型 选项中平面 ▱ 命令 ▶ 点击RIGHT面输入值7mm ▶ 确定创建一个基准面DTM10。

📘 步骤 45

点击样式命令 🔎样式 点击曲线 ∿ ▶ 点击创建平面曲线 🖉 ▶ 设置DTM10为活动平面 ▶ 根据视图中人偶的脚掌的脚趾绘制一条轮廓线 ▶ 点击曲线 ∿ ▶ 绘制一条辅助线连接两个脚趾FRONT的线条 ▶ 点击曲线 ∿ ▶ 绘制一条辅助线，如图44所示。

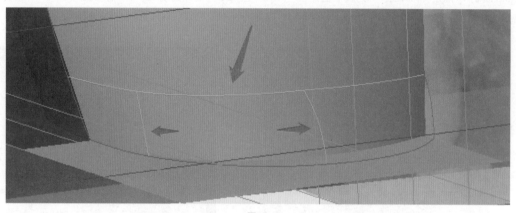

图44

📘 步骤 46

点击边界混合命令 ⬦ ▶ 依次选择六根线（FRONT面的线、脚趾辅助线、DTM10上的脚趾辅助线、RIGHT上的脚趾辅助线、DTM2上的脚掌线、脚掌辅助线） ▶ 确定完成边界混合做出脚掌的曲面，如图45所示。

📘 步骤 47

点击边界混合命令 ⬦ ▶ 依次选择四根线（FRONT面的线、RIGHT面上的线、脚掌辅助线、肚子的线） ▶ 确定完成边界混合做出新的腿部的曲面，如图46所示。

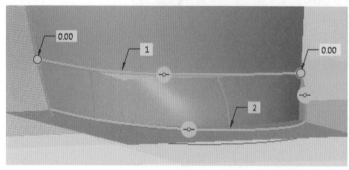

图45

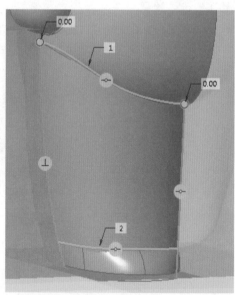

图46

步骤 48

点击镜像命令 ▯▮镜像 ▶ 选择耳朵曲面 ▶ 选择RIGHT基准面为镜像面 ▶ 确定完成镜像，如图47所示。

步骤 49

点击边界混合命令 ◿ ▶依次选择两根线（FRONT面的线、自由辅助线）▶ 确定完成边界混合做出耳朵正面的曲面，如图48所示。

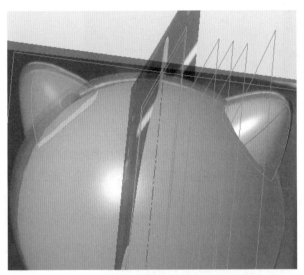

图47

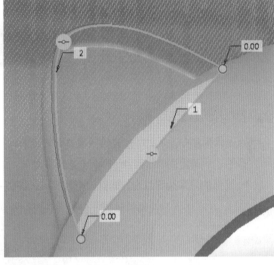

图48

步骤 50

点击修剪命令 ▱修剪 ▶先选要被修剪的耳朵拉伸面，再选头部曲面 ▶ 耳朵拉伸面就被修剪的与头部齐平了，确定完成修剪 ▶ 再点击修剪命令 ▱修剪 ▶ 先选要被修剪的耳朵边界混合的面,再选头部曲面 ▶ 耳朵边界混合的面就被修剪的与头部齐平了 ▶ 再点击修剪命令 ▱修剪 ▶先选要被修剪的耳朵边界混合的面，再选头部曲面 ▶ 耳朵边界混合的面就被修剪的与头部齐平了，确定完成修剪 ▶ 再点击修剪命令 ▱修剪 ▶ 先选要被修剪的耳朵镜像的边界混合的面，再选头部曲面 ▶ 耳朵镜像的边界混合的面就被修剪的与头部齐平了，确定完成修剪，如图49所示。

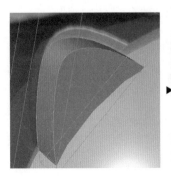 ▶ 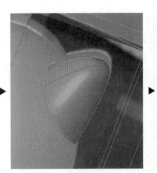 ▶

图49

🛡 步骤 51

点击镜像命令 ⬚⬚ 镜像 ▶ 选择耳朵边界混合曲面 ▶ 选择RIGHT基准面为镜像面 ▶ 确定完成镜像 ▶ 再点击镜像命令 ⬚⬚ 镜像 ▶ 选择耳朵拉伸曲面 ▶ 选择RIGHT基准面为镜像面 ▶ 确定完成镜像，如图50所示 。

 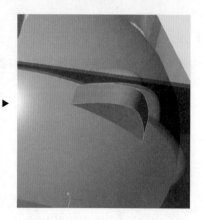

图50

🛡 步骤 52

点击修剪命令 🔲 修剪 ▶ 先选要被修剪的镜像的耳朵拉伸面，再选头部曲面 ▶ 镜像的耳朵拉伸面就被修剪的与头部齐平了，确定完成修剪 ▶ 再点击修剪命令 🔲 修剪 ▶ 先选要被修剪的镜像的耳朵边界混合的面，再选头部曲面 ▶ 镜像的耳朵边界混合的面就被修剪的与头部齐平了，如图51所示 。

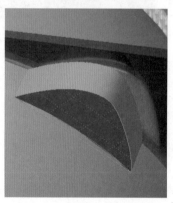 

图51

🛡 步骤 53

选取镜像的耳朵拉伸曲面 ▶ 按住Ctrl选取镜像耳朵边界混合曲面 ▶ 点击合并命令 🔲 合并 ▶ 确定完成曲面合并 ▶ 选取镜像的耳朵边界混合曲面 ▶ 按住Ctrl选取刚刚合并好的镜像耳朵拉伸曲面和镜像边界混合曲面的合体 ▶ 点击合并命令 🔲 合并 ▶ 确定完成曲面合并，如图52所示 。

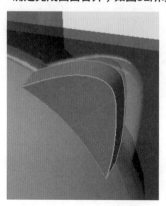 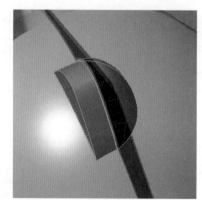

图52

步骤 54

选取耳朵拉伸曲面 ▶ 按住Ctrl选取耳朵边界混合曲面 ▶ 点击合并命令 ⬚合并 ▶ 确定完成曲面合并 ▶ 选取耳朵边界混合曲面 ▶ 按住Ctrl选取刚刚合并好的耳朵拉伸曲面和边界混合曲面的合体 ▶ 点击合并命令 ⬚合并 ▶ 确定完成曲面合并，如图53所示。

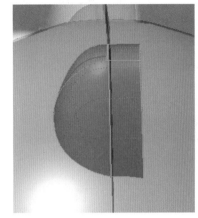

图53

步骤 55

把鼠标箭头移动到草绘的侧面线上，右键让其中一根线亮起来，然后点左键选中 ▶ 点击投影命令 ⬚投影 ▶ 选择肚子的曲面 ▶ 确定完成投影线，如图54所示。

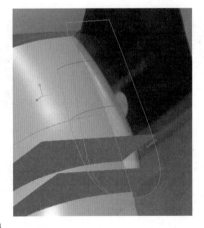

图54

步骤 56

点击样式命令 ⬚样式 点击曲线 ⬚ ▶ 点击创建平面曲线 ⬚ ▶选择基准面TOP面 ▶ 绘制手臂投影线与FRONT面上的线的连接线 ▶ 点击曲线 ⬚ ▶ 再绘制一条辅助线，如图55所示。

步骤 57

点击边界混合命令 ⬚ ▶ 依次选择四根线（FRONT面的线、手臂投影线、辅助线、TOP基准面上的线）▶ 点击FRONT样式线上的约束点按右键 ▶ 选择垂直选项 ▶ 选择FRONT面 ▶ 确定完成边界混合做出手臂的曲面，如图56所示。

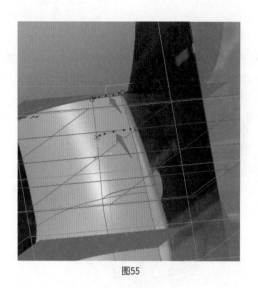

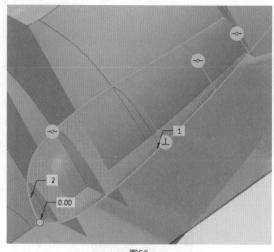

图55　　　　　　　　　　　　　　　　　　　图56

步骤 58

点击修剪命令 ⬚修剪 ▶ 先选要被修剪的肚子曲面，再选拉伸面 ▶ 肚子就与拉伸直面齐平了，确定完成修剪 ▶ 再点击修剪命令 ⬚修剪 ▶ 先选要被修剪的手臂曲面，再选肚子曲面 ▶ 手臂曲面与肚子曲面相交处齐平了 ▶ 再点击修剪命令 ⬚修剪 ▶ 先选要被修剪的另一半手臂曲面，再选肚子曲面 ▶ 另一半手臂曲面与肚子相交处齐平了，确定完成修剪 ▶ 再点击修剪命令 ⬚修剪 ▶ 先选要被修剪的用脚掌曲线做的新腿部曲面，再选肚子曲面 ▶ 肚子与新腿部曲面相交处齐平了，确定完成修剪，如图57所示。

微课视频

人偶整体造型
曲面整合与
身体内部
细节建模

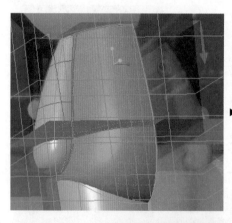

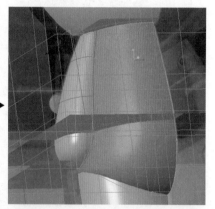

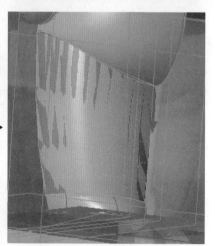

图57

步骤 59

选取脸部右半边台阶曲面 ▶ 按住Ctrl选取脸部左半边曲面 ▶ 点击合并命令 合并 ▶ 确定完成曲面合并 ▶ 选取脸部造型曲面 ▶ 按住Ctrl选取刚刚合并好的左右半边的台阶曲面的合体 ▶ 点击合并命令 合并 ▶ 确定完成曲面合并 ▶ 选取头部球形曲面 ▶ 按住Ctrl选取刚刚合并好的左右半边台阶曲面与脸部造型曲面的合体 ▶ 点击合并命令 合并 ▶ 确定完成曲面合并，如图58所示。

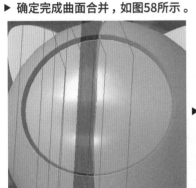 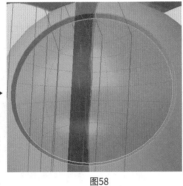 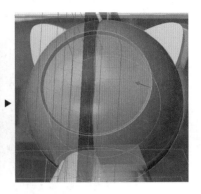

图58

步骤 60

选取肚子曲面 ▶ 按住Ctrl选取用脚掌线绘制的腿部曲面 ▶ 点击合并命令 合并 ▶ 确定完成曲面合并，如图59所示。

图59

步骤 61

取左边合并好的耳朵曲面 ▶ 按住Ctrl选取合并好的头部曲面 ▶ 点击合并命令 合并 ▶ 确定完成曲面合并 ▶ 选取右边合并好的耳朵曲面 ▶ 按住Ctrl选取合并好的头部曲面 ▶ 点击合并命令 合并 ▶ 确定完成曲面合并，如图60所示。

 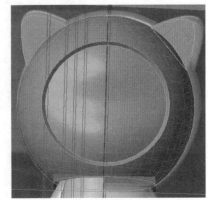

图60

步骤 62

选取臀部曲面 ▶ 按住Ctrl选取后腿曲面 ▶ 点击合并命令 合并 ▶ 确定完成曲面合并 ▶ 选取之前合并好的肚子的曲面 ▶ 按住Ctrl选取合并后腿的臀部曲面 ▶ 点击合并命令 合并 ▶ 确定完成曲面合并 ▶ 选取合并好的臀部和肚子曲面 ▶ 按住Ctrl选取合脚掌的曲面 ▶ 点击合并命令 合并 ▶ 确定完成曲面合并 ▶ 选取前半部手臂曲面 ▶ 按住Ctrl选取后半部手臂曲面 ▶ 点击合并命令 合并 ▶ 选取合并好的手臂曲面 ▶ 按住Ctrl选取合并好的肚子曲面 ▶ 点击合并命令 合并 ▶ 确定完成曲面合并，如图61所示。

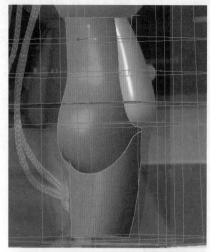

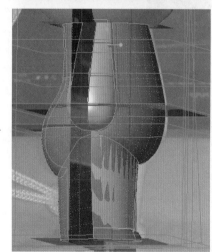
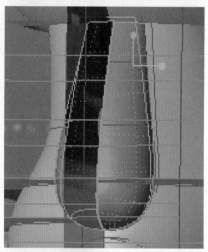

图61

步骤 63

点击镜像命令 ⭢ 选择刚刚合并好的半边身体 ▶ 选择RIGHT基准面为镜像面 ▶ 确定完成镜像，如图62所示。

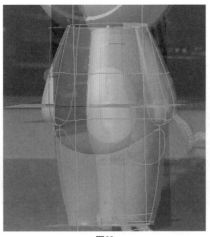

图62

步骤 64

选取拉伸曲面 ▶ 按住Ctrl选取头部曲面 ▶ 点击合并命令 合并 ▶ 确定完成曲面合并 ▶ 选取左半边身体曲面 ▶ 按住Ctrl选取右半边身体曲面 ▶ 点击合并命令 合并 ▶ 确定完成曲面合并，如图63所示。

 ▶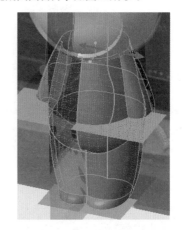

图63

步骤 65

点击旋转命令 旋转 ▶ 选择FRONT面为草绘平面 ▶ 进入草绘 ▶ 点击直线 线 命令 ▶ 绘制一个L形线条 ▶ 点击中心线命令 中心线 ，绘制与RIGHT基准面重合的中心线 ▶ 点击标注尺寸命令 ，标注尺寸 ▶ 确定退出草绘平面 ▶ 选择曲面选项 ▶ 选取单边旋转 ，输入值360° ▶ 确定完成旋转，如图64所示。

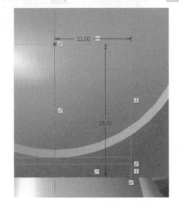 ▶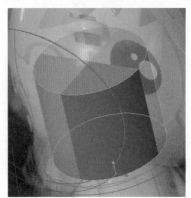

图64

🔷 步骤 66

点击拉伸命令 ▢ ▶ 选择FRONT基准面进入草绘平面 ▶ 点击画线命令 ╱线▾ ▶ 绘制一条直线 ▶ 点击中心线
命令 中心线▾ ，绘制与RIGHT面重合的中心线 ▶ 点击对称约束命令 ╫ 对称 ，让直线与中心线左右对称 ▶ 点击标注
尺寸命令 ↔ ，标注尺寸 ▶ 确定完成草绘 ▶ 选择曲面选项 ▢ ▶ 选择双向拉伸 ▢ 选项，输入值37mm ▶
确定完成拉伸曲面，如图65所示。

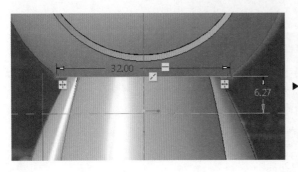 ▶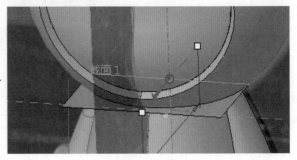

图65

🔷 步骤 67

选取拉伸曲面 ▶ 按住Ctrl选取旋转曲面 ▶ 点击合并命令 ▣ 合并 ▶ 确定完成曲面合并，如图66所示。

🔷 步骤 68

选取旋转合并曲面 ▶ 按住Ctrl选取身体曲面 ▶ 点击合并命令 ▣ 合并 ▶ 确定完成曲面合并 ▶ 选取身体合并曲面
按住Ctrl选取拉伸曲面 ▶ 点击合并命令 ▣ 合并 ▶ 确定完成曲面合并，如图67所示。

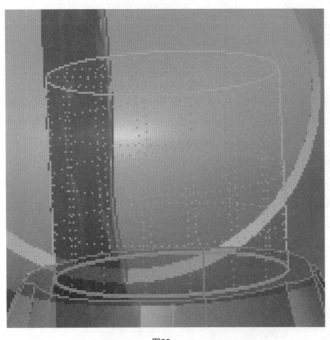

图66

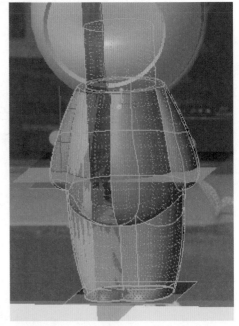

图67

至此，人偶的master骨架文件已经全部完成，如图68所示。接下来以骨架文件为基础，逐个拆分出各个零件，然后组成人偶装配体组件。

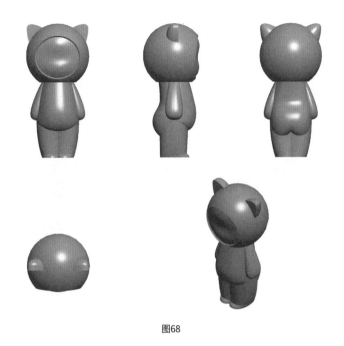

图68

2.1.3　人偶风扇零件建模与工程图导出

风扇共有5个零件，但每个零件建模的步骤基本类似，所以本节不逐一介绍，仅以头部前脸零件为例，说明零件建模与工程图导出的步骤。

2.1.3.1　零件建模具体步骤

步骤 01

启动Creo ▶ 选择工作目录 ▶ 新建文件HEAD ▶ 取消使用默认模板 ▶ 选择尺寸单位 ▶ 确定，如图69所示。

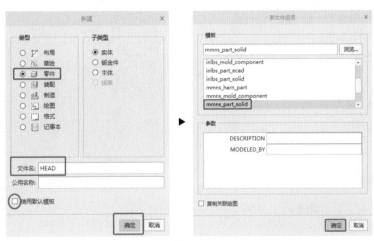

图69

步骤 02

在模型　模型　选项中选择点击复制几何 复制几何 ▶ 点击打开 选择master零件，确定默认坐标 ▶ 点击发布几何 ，选取头部曲面 ▶ 点击确定 ▶ 完成外部复制几何，如图70所示。

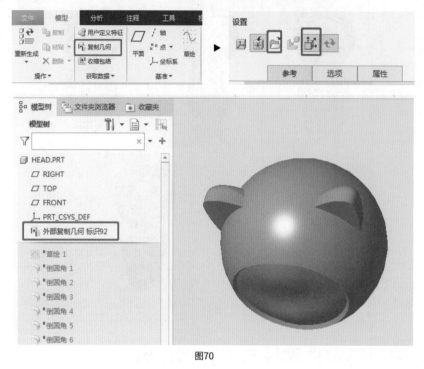

图70

步骤 03

在模型　模型　选项中选择点击草绘 ▶ 选择RIGHT面为草绘平面，确定进入草绘界面 ▶ 用画线命令 线 画一根60mm的线 ▶ 点击确定 ▶ 完成草绘，如图71所示。

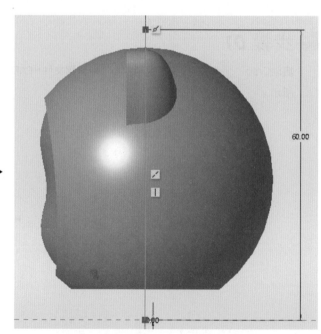

图71

步骤 04

在模型 模型 选项中选择点击倒圆角 ╲倒圆角 ▼ ▶ 依次为棱边导圆角 ▶ 点击确定完成倒圆角。因为后面几个步骤都是倒圆角，所以不重复叙述，仅用截图将哪些地方倒了圆角表示出来，如图72所示。

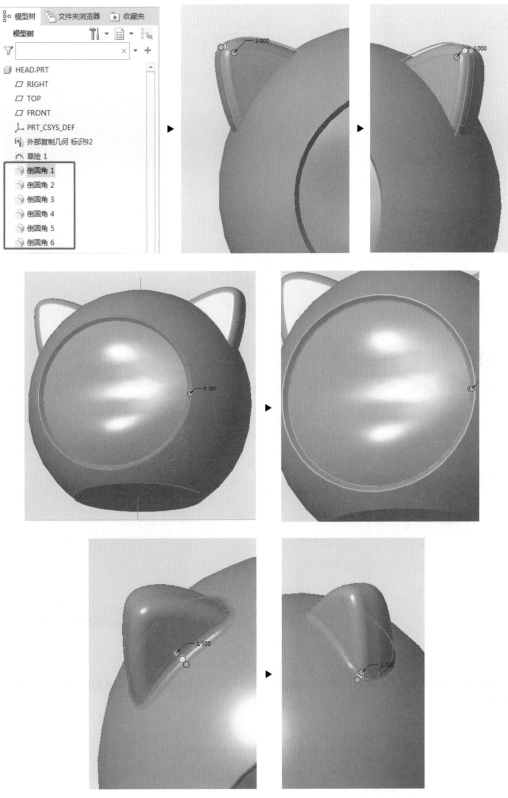

图72

🔖 步骤 05

先点击步骤03的草绘直线，然后再点击拉伸命令  ▶ 选择曲面，移除材料，深度选择双向拉伸60mm，移除一半头部曲面 ▶ 点击确定，完成拉伸曲面移除，如图73所示。

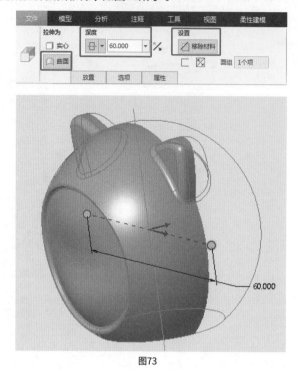

图73

🔖 步骤 06

先点击选择半个头部曲面，然后点击加厚命令 ⊏ 加厚 ▶ 输入加厚值1mm，点击确定，完成加厚，如图74所示。

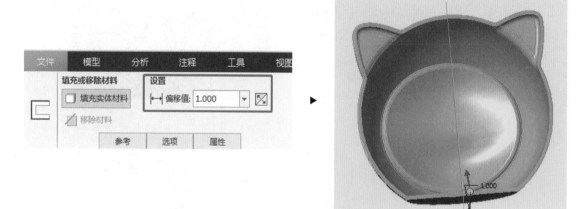

图74

（温馨提示：有些读者可能一开始选不上头部的整个曲面，只能选上头部的局部曲面，这时可通过右下角过滤器选择写有面组的选项，就可以选中整个头部曲面，如下图。）

步骤 *07*

在模型　模型　选项中选择点击草绘　🔧　▶ 选择FRONT面为草绘平面，确定进入草绘界面 ▶ 点击画圆命令
⊙ 圆 ▼　画一个圆 ▶ 点击镜像命令　🔗 镜像 ，镜像成4个圆 ▶ 点击确定 ▶ 完成草绘，如图75所示。

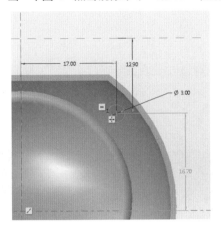
▶
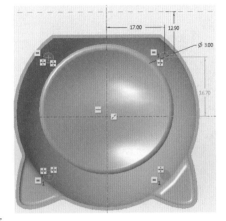

图75

步骤 *08*

点击步骤07中草绘绘制的圆，然后点击拉伸命令 📐 ▶
选择实心，深度选择拉伸到下一个曲面，点击加厚，输
入数值0.5mm， ▶ 点击确定，完成拉伸命令，如图76
所示。

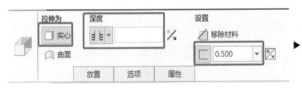
▶
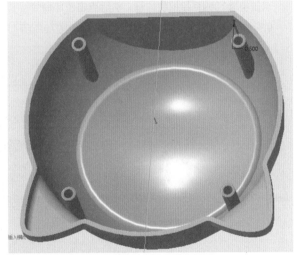

图76

步骤 *09*

点击模型　模型　选项中平面 ▱ 命令 ▶ 点击FRONT面输入值0.8mm ▶ 确定创建一个基准面，如图77所示。

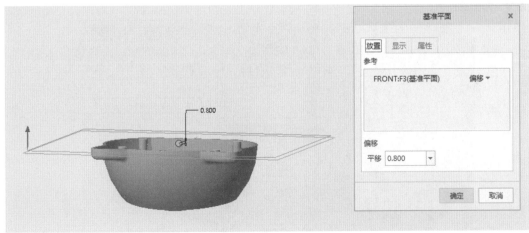

图77

步骤 10

点击草绘命令 🔧 ▶ 选择步骤09创建的基准面为草绘平面，进入草绘界面 ▶ 点击投影命令 ▣ 投影 ，选择4个圆柱的外径 ▶ 点击确定，完成草绘命令，如图78所示。

图78

步骤 11

点击步骤10的草绘绘制的圆，然后点击拉伸命令 🔧 ▶ 选择实心，深度选择拉伸到下一个曲面，点击加厚，输入值0.5mm ▶ 点击确定，完成拉伸命令，如图79所示。

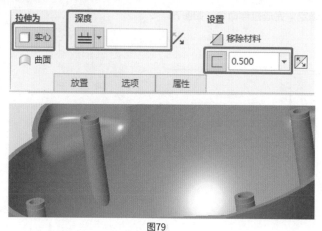

图79

步骤 12

点击草绘命令 🔧 ▶ 选择头部底部的平面，进入草绘界面 ▶ 点击画圆命令 ⊙ 圆 ▼ 画一个圆 ▶ 点击确定，完成草绘命令，如图80所示。

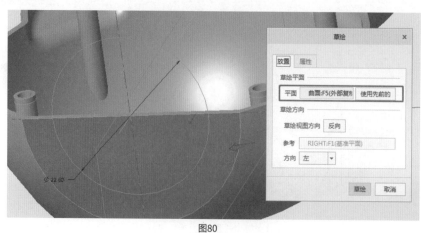

图80

步骤 *13*

点击步骤12的草绘中绘制的圆，然后点击拉伸命令 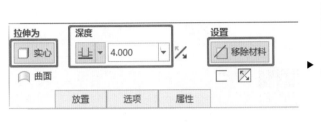 ▶选择实心，深度选择指定的深度，输入值4mm，点击移除材料 ▶ 点击确定，完成拉伸命令，如图81所示。

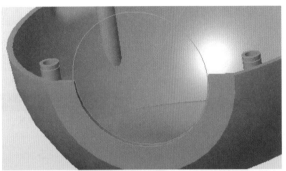

图81

至此，头部前脸零件建模完成，如图82所示。

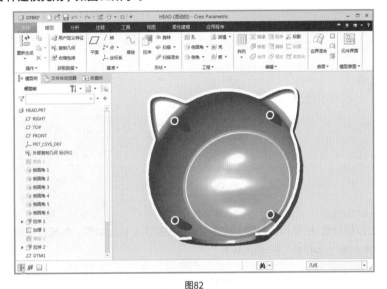

图82

2.1.3.2 零件工程图导出步骤

步骤 *01*

启动Creo 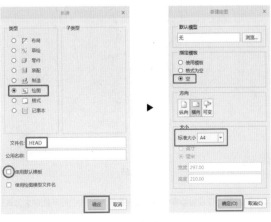 ▶ 选择工作目录 ▶ 新建文件HEAD ▶ 取消使用默认模板 ▶ 选择空，选择A4模板 ▶ 确定，如图83所示。

图83

🔖 步骤 *02*

进入工程图界面，在布局选项里，点击普通视图 ▶ 选择HEAD零件，确定无组合状态 ▶ 任意位置点击一下左键，零件就会出现在工程图中 ▶ 点击FRONT面为主视图 ▶ 选择视图显示，在显示样式里选择线框 ▶ 确定，完成零件导入工程图里，如图84所示。

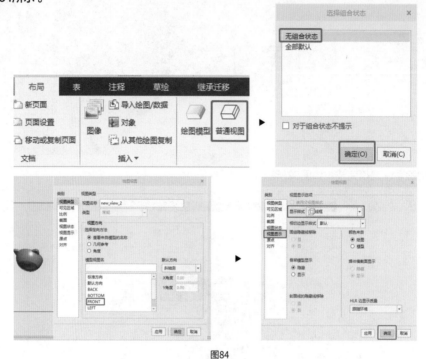

图84

🔖 步骤 *03*

点击主视图，然后点击投影视图 ▶ 鼠标往左移，按左键形成左视图，以此类推，生成六视图 ▶ 点击锁定视图移动，拖动每个视图位置，使视图看上去规整，如图85所示。

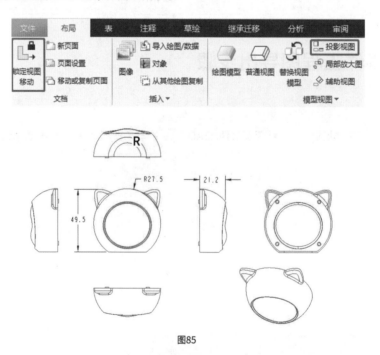

图85

（说明：此图在软件中称之为导出的工程图,实际上仅是前脸零件的外形视型和外形尺寸,而不能称之为真正的前脸零件图。）

🔖 *2.1.4* 人偶风扇装配体生成与分解

零件建模完成以后需要进行组装和做分解，下面介绍一下装配体生成与分解（爆炸图）的步骤。

🔖 *2.1.4.1* 装配体生成

🔖 步骤 *01*

启动Creo 🖥 ▶ 选择工作目录 🗂 ▶ 新建零件asm0001 📄 ▶ 取消使用默认模板 ▶ 选择尺寸单位 ▶ 确定，如图86所示。

微课视频

人偶拆件与
组件的建模

图86

🔖 步骤 *02*

点击模型 模型 选项中选择点击组装命令 📐 ▶ 在位置关系选项里选择默认 ▶ 确定，如图87所示。

图87

🔖 步骤 *03*

其余零件按照步骤02，依次组装到组装图里，如图88所示。

装配体就此完成。为什么选择默认位置？
这是因为每个零件都是通过复制几何命令，从master里复制曲面后建模的。通过复制几何命令，使每个零件的坐标都和master的坐标相同，所以装配的时候，位置关系选择默认就可以了。

图88

2.1.4.2　装配体分解

装配体分解即工业设计中的爆炸图生成。

步骤

打开装配asm0001图纸 ▶ 点击模型　模型　选项中选择点击编辑位置　编辑位置 ▶ 点击零件，出现xyz坐标轴，选择其中一个坐标位置按住左键进行拖动就可以了 ▶ 点击分解视图命令　分解视图　就可以在分解图和装配图里切换，如图89所示。

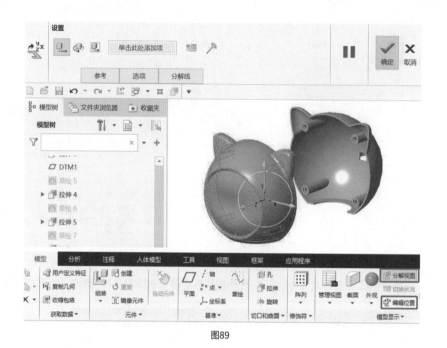

图89

分解图：分解图也可在视图管理器中编辑和保存，如图90所示。

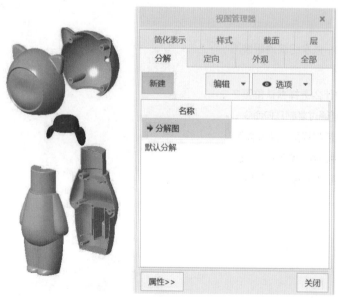

图90

其他零件展示

其他零件展示如图91所示。

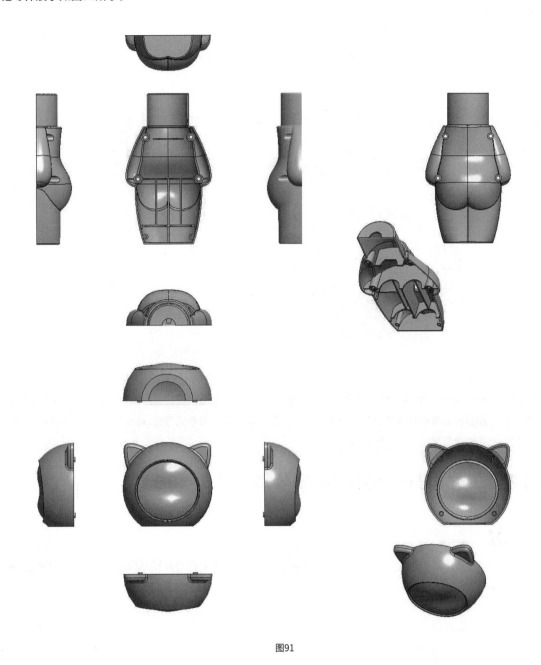

图91

本案例建模源文件下载路径：\ https://www.xingshuiyun.com\ Creo 6.0产品造型
设计与实例:微课视频版\数字资源\拓展资料\2.1人偶型迷你风扇源文件

视频路径：\ https://www.xingshuiyun.com \ Creo 6.0产品造型设计与实例:微课
视频版\数字资源\视频课\ 人偶型迷你风扇master建模步骤视频

2.2 车载蓝牙设计

2.2.1 实例概述

如图92所示是工业设计部门提供的设计效果图的三视图，从效果图上可以看到这是一款小巧、造型独特的车载蓝牙设备。通过按动侧面电源键启动设备，与手机进行蓝牙配对使用，通过顶部的红蓝两个灯来确认是否配对成功。设备通过USB来进行充电。

图92

产品建模的第一步需要先做master，也就是常说的骨架。master是通过建立基准面、基准点、草绘、造型线、边界混合、曲面合并、曲面修建等命令构建出产品的造型。然后通过复制几何命令调取master里的曲面，绘制各个零件。再通过装配组件把零件组装起来，完成装配体。

2.2.2 车载蓝牙master建模步骤

步骤 01

启动Creo ▶选择工作目录 ▶新建文件master ▶取消使用默认模板 ▶选择尺寸单位 ▶确定，如图93所示。

 ▶

图93

步骤 *02*

在模型选项里选择点击草绘 🔧 选择TOP为草绘平面，确定进入草绘界面 ▶ 用 ▢矩形 ▾ 画一个 45mmx75mm
的矩形 ▶ 运用对称约束 ┿ 对称 命令使矩形上下左右对称 ▶ 点击确定完成草绘，如图94所示。

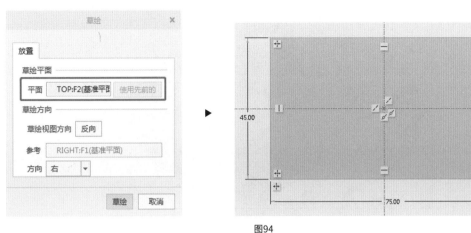

图94

步骤 *03*

在模型选项里选择点击草绘 🔧 ▶ 选择FRONT面为草绘平面，确定进入草绘界面 ▶ 用 ▢矩形 ▾ 画一个
82mmx26mm的矩形 ▶ 点击确定完成草绘，再点击确定完成填充，如图95所示。

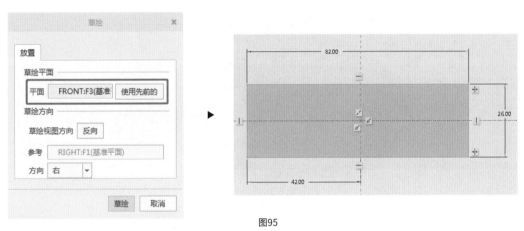

图95

步骤 *04*

点击模型选项中的样式命令 ◳样式 ▶ 然后点击视图 视图 ▶ 点击模型显示 模型显示▾ ▶ 点击图像 ▶ 点
击导入 ▶ 根据图片需要摆放的位置(正视图、侧视图、俯视图等)选择基准面 ▶ 选择图片 ▶ 调整图片大小, 大小调
整到步骤02和步骤03所画的填充草绘矩形里 ▶ 重新点击导入，换个基准面插入你所需要的图片 ▶ 确定完成图片
插入，如图96所示。

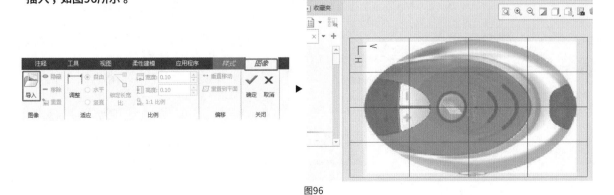

图96

步骤 05

点击草绘 🌊 ▶ 选择第一个绘制的填充曲面,进入草绘界面 ▶ 点击椭圆 ◯椭圆▼ ,根据上一步导入的图片绘制一
个椭圆 ▶ 点击删除段,删除一半椭圆线 ▶ 确定完成草绘,如图97所示。

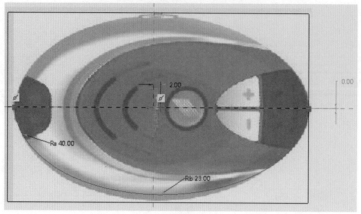

图97

步骤 06

点击草绘 🌊 选择第一个绘制的填充曲面,进入草绘界面 ▶ 点击椭圆 ◯椭圆▼ ,绘制第二个椭圆线 ▶ 点击删除段,
🍴 删除段 删除一半椭圆线 ▶ 确定完成草绘,如图98所示。

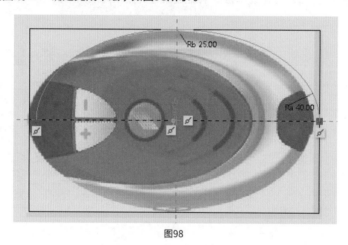

图98

步骤 07

点击扫描 📀扫描▼ ,进入扫描界面 ▶ 选择步骤06的椭圆线,选择曲面,点击草绘,进入草绘界面 ▶ 点击线 ╲线▼ ,
绘制一条角度为2°、高度为5mm的线 ▶ 确定完成草绘,确定完成扫描,如图99所示。

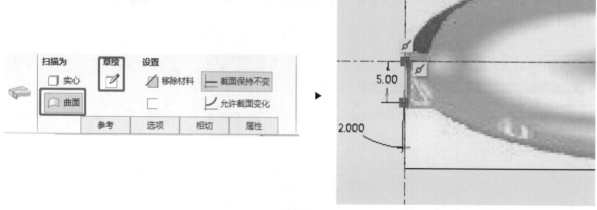

图99

步骤 08

点击扫描 ⊘扫描▼ ，进入扫描界面 ▶ 选择步骤05的椭圆线，选择曲面，点击草绘，进入草绘界面 ▶ 点击线 ╲线▼ ，绘制一条角度为2°，高度为5mm的线 ▶ 确定完成草绘，确定完成扫描，如图100所示。

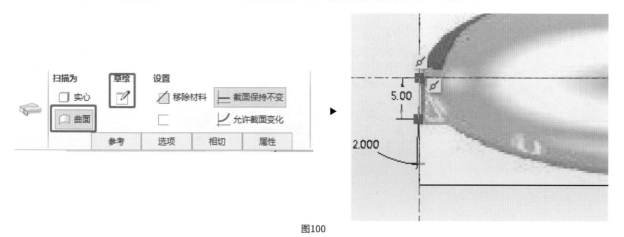

图100

步骤 09

点击样式命令 ⊘样式 ▶ 点击曲线 ～ 创建平面曲线 ⊘ 设置FRONT面为活动平面 ▶ 选择步骤06的椭圆线的两个端点，根据图片绘制一根弧线，如图101所示。

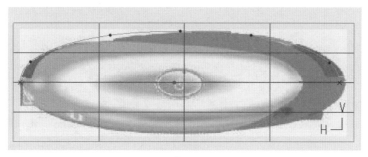

图101

步骤 10

点击草绘 ～ ▶ 选择FRONT面为草绘平面，进入草绘界面 ▶ 选择步骤05的椭圆线的两个端点，绘制第二根弧线，如图102所示。

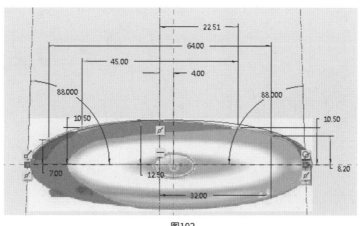

图102

步骤 *11*

点击模型 `模型` 选项中平面命令 ▢ ▶ 点击RIGHT基准面输入值4mm ▶ 确定创建一个基准面DTM1 ，如图103
所示 。

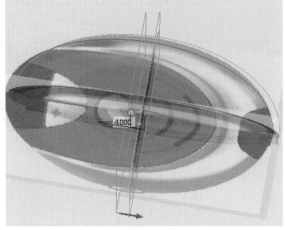

图103

步骤 *12*

点击样式命令 `样式` 点击曲线 ～ ▶ 点击创建平面曲线 ▱ 设置DTM1为活动平面 ▶ 样式线的一端选择步骤05
的椭圆线，另一端选择步骤10的草绘线，根据导入的图片绘制一条样式线，如图104所示 。

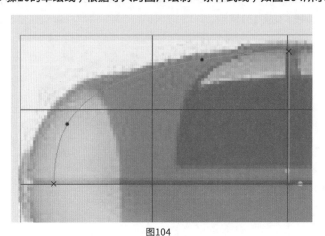

图104

步骤 *13*

点击边界混合命令 ▱ 依次选择三根线（步骤05的椭圆线 、步骤10的草绘线 、步骤12的造型线 ）▶ 点击FRONT面
上的约束点按右键 ▶ 选择垂直选项，选择FRONT面 ▶ 确定完成边界混合，如图105所示 。

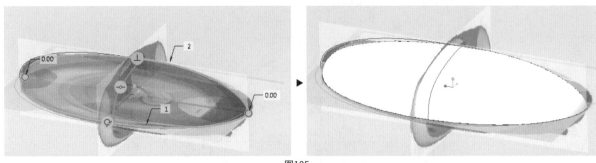

图105

（说明：上一步完成的边界混合曲面，通过菜单中分析选项中的着色曲率分析如图106所示，发现曲面两端质量不好，即呈红黄色，必须裁去红黄色曲面，并通过补面和曲面合并得到较高质量的曲面，以满足工程工艺的要求。后面步骤14~步骤17就是为达到这一要求。）

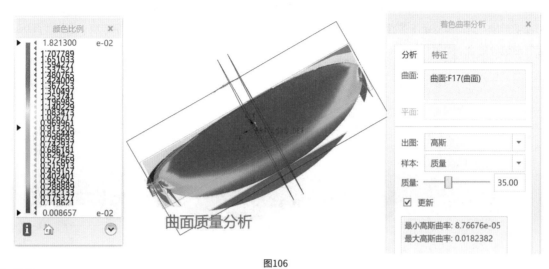

图106

步骤 14

点击样式命令 样式　　点击曲线 ～ ▶ 点击创建曲面上的曲线 ▶ 选择步骤13的曲面 ▶ 在曲面的范围内，绘制一条样式线，如图107所示。

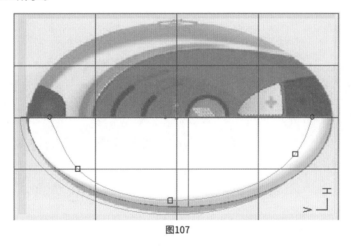

图107

步骤 15

点击修剪命令 修剪　，进入修剪界面 ▶ 选择步骤14的样式线 ▶ 确定完成修剪，如图108所示。

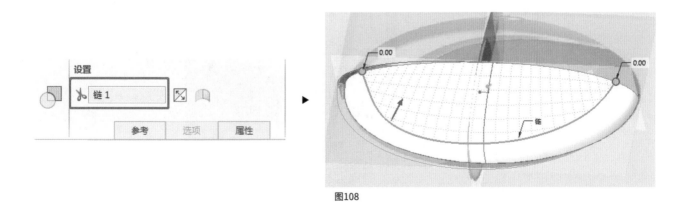

图108

步骤 16

点击边界混合命令 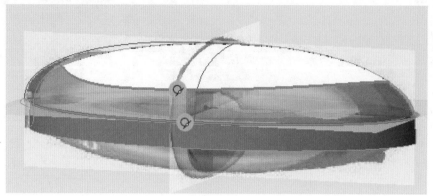 ，依次选择两根线（步骤05的椭圆线、步骤14的样式线）▶ 点击步骤14样式线的约束点按右键 ▶ 选择相切选项，选择修剪留下的面 ▶ 点击步骤05椭圆线上的约束点按右键 ▶ 选择相切选项，选择步骤08的扫描面 ▶ 确定完成边界混合，如图109所示。

图109

步骤 17

选取步骤15的修剪后的曲面 ▶ 按住Ctrl选取步骤16的曲面 ▶ 点击合并命令 合并 ▶ 确定完成曲面合并，如图110所示。

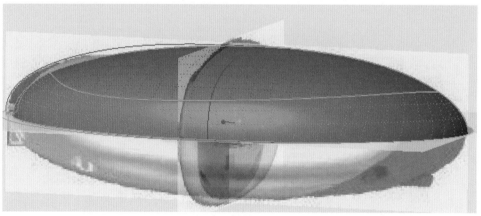

图110

步骤 18

点击样式命令 样式 点击曲线 ▶ 点击创建平面曲线 ▶ 设置RIGHT面为活动平面 ▶ 样式线的一端选择步骤06的椭圆线，另一端选择步骤09的样式线，根据导入的图片绘制一条样式线，如图111所示。

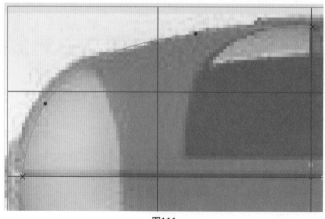

图111

步骤 19

点击边界混合命令 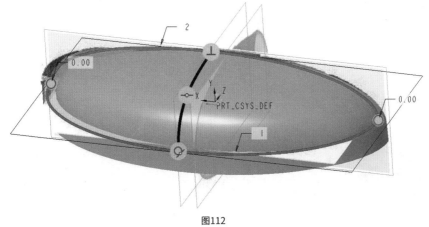 ▶ 依次选择三根线（步骤06的椭圆线、步骤09的样式线、步骤18的样式线）▶ 点击FRONT
面上的约束点按右键 ▶ 选择垂直选项，选择FRONT面 ▶ 确定完成边界混合，如图112所示。

图112

步骤 20

点击样式命令 样式 点击曲线 ～ ▶ 点击创建曲面上的曲线 ▶ 选择步骤19的曲面 ▶ 在曲面的范围内，
绘制一条样式线，如图113所示。

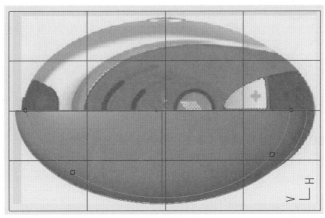

图113

步骤 21

点击修剪命令 修剪 ，进入修剪界面 ▶ 选择步骤20的样式线 ▶ 确定完成修剪，如图114所示。

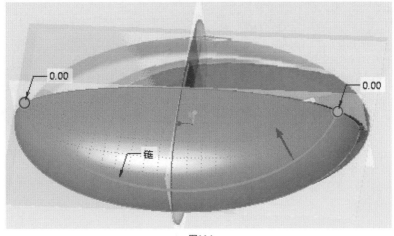

图114

🔲 步骤 22

点击边界混合命令 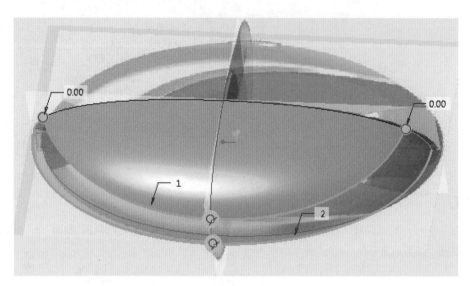 ▶ 依次选择两根线（步骤06的椭圆线、步骤20的样式线）▶ 点击步骤20样式线的约束点按
右键 ▶ 选择相切选项，选择修剪留下的面 ▶ 点击步骤06椭圆线上的约束点按右键 ▶ 选择相切选项，选择步骤07
的扫描面 ▶ 确定完成边界混合，如图115所示。

图115

🔲 步骤 23

选取步骤21的修剪后的曲面 ▶ 按住Ctrl选取步骤22的曲面 ▶ 点击合并命令 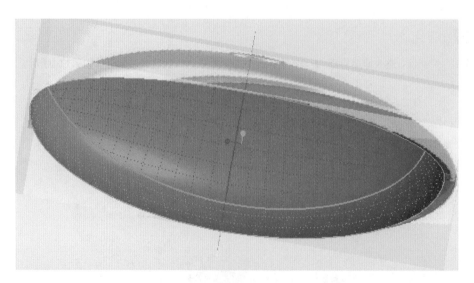合并 ▶ 确定完成曲面合并，如图
116所示。

图116

🔖 步骤 *24*

点击镜像命令 ⬗ 镜像 ▶ 选择步骤23合并后的曲面 ▶ 选择FRONT基准面为镜像面 ▶ 确定完成镜像，如图117所示。

🔖 步骤 *25*

选取步骤24镜像的曲面 ▶ 按住Ctrl选取步骤23合并的曲面 ▶ 点击合并命令 🔗合并 ▶ 确定完成曲面合并，如图118所示。

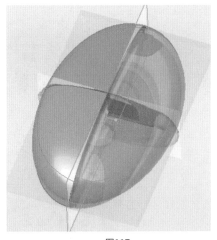

图117

图118

🔖 步骤 *26*

点击镜像命令 ⬗ 镜像 ▶ 选择步骤17合并后的曲面 ▶ 选择FRONT基准面为镜像面 ▶ 确定完成镜像，如图119所示。

🔖 步骤 *27*

选取步骤26镜像的曲面 ▶ 按住Ctrl选取步骤17合并的曲面 ▶ 点击合并命令 🔗合并 ▶ 确定完成曲面合并，如图120所示。

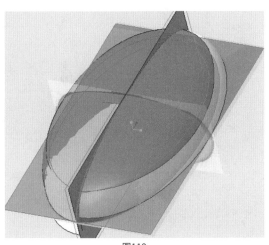

图119

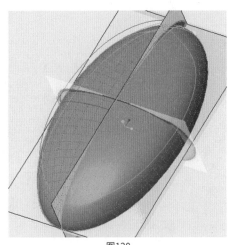

图120

步骤 28

点击镜像命令 〇〇 镜像 ▶ 选择步骤25合并后的曲面 ▶ 选择TOP基准面为镜像面 ▶ 确定完成镜像，如图121所示。

步骤 29

点击样式命令 〇样式 ▶ 点击曲线 〜 ▶ 点击创建平面曲线 ⊘ ▶ 选择基准面TOP面 ▶ 根据导入的图片绘制两条样式线，如图122所示。

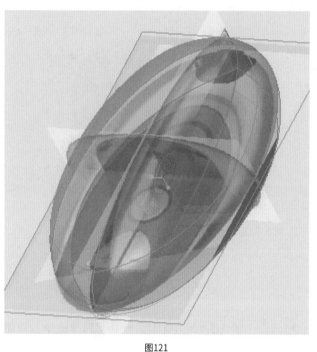

图121

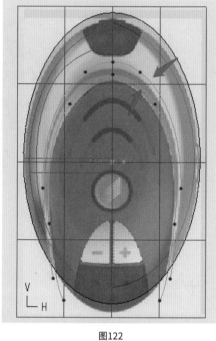

图122

步骤 30

点击模型 模型 选项中点击投影命令 ⊟ 投影 ▶ 点击参考里投影草绘，选择TOP面，进入草绘界面 ﾞ 投影 ▶ 点击草绘界面里的投影命令，投影步骤29靠外的样式线 ▶ 确定完成草绘，选择步骤25的合并面为投影面 ▶ 完成投影，如图123所示。

▶

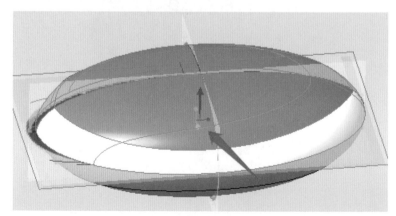

图123

步骤 *31*

点击模型 模型 选项中点击投影 □ 投影 命令 ⌇ 投影 ▶ 点击参考里投影草绘，选择TOP面，进入草绘界面 ▶ 点击草绘界面里的投影命令，投影步骤29靠内的样式线 ▶ 确定完成草绘，选择步骤27的合并面为投影面 ▶ 完成投影，如图124所示。

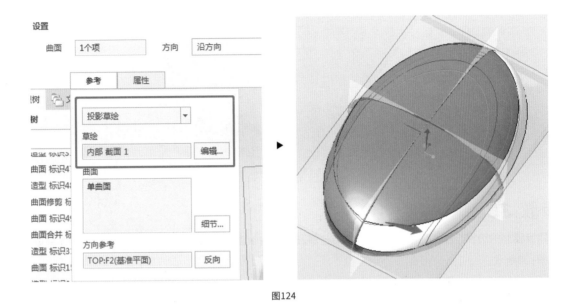

图124

步骤 *32*

点击模型 模型 选项中点击基准选项中的曲线命令 ⌇ ▶ 选择通过点的曲线 ▶ 选择步骤30和步骤31的两根投影线的端点 ▶ 确定完成曲线命令，如图125所示。

步骤 *33*

点击模型 模型 选项中点击基准选项中的曲线命令 ⌇ ▶ 选择通过点的曲线 ▶ 选择步骤30和步骤31的两根投影线的端点 ▶ 确定完成曲线命令，如图126所示。

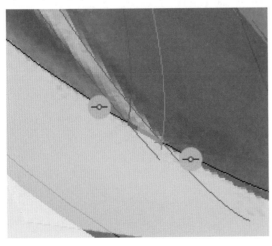

图125

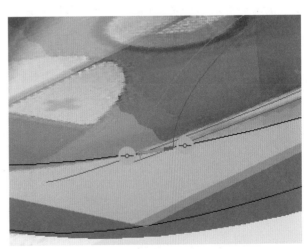

图126

步骤 34

点击边界混合命令 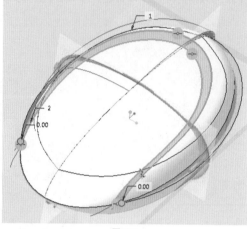 ▶ 依次选择四根线（步骤30、步骤31的投影线，步骤32、步骤33的曲线）▶ 确定完成边界混合，如图127所示。

图127

步骤 35

选取步骤34的边界混合曲面 ▶ 按住Ctrl选取步骤25合并的曲面 ▶ 点击合并命令 合并 ▶ 确定完成曲面合并，如图128所示 。

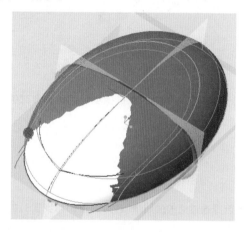 ▶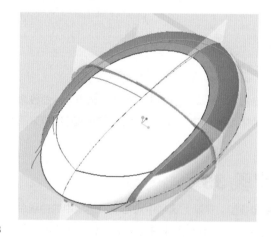

图128

步骤 36

选取步骤35的边界混合曲面 ▶ 按住Ctrl选取步骤27合并的曲面 ▶ 点击合并命令 合并 ▶ 确定完成曲面合并，如图129所示 。

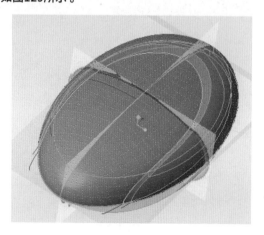 ▶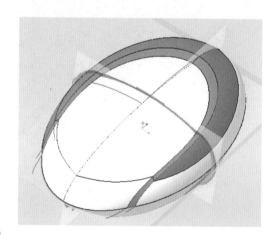

图129

步骤 37

点击草绘 ☌ ▶ 选择FRONT面为草绘平面，进入草绘界面 ▶ 选择步骤05的椭圆线的两个端点，用样条线 ∿样条 绘制底壳的弧线，如图130所示。

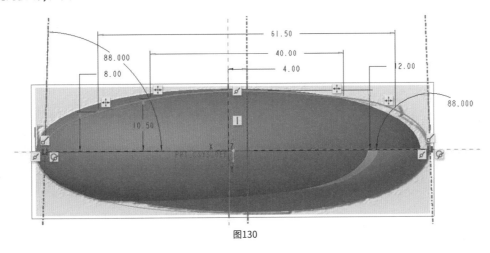

图130

步骤 38

点击扫描 ☍ 扫描▼ ，进入扫描界面 ▶ 选择步骤06的椭圆线，选择曲面，点击草绘，进入草绘界面 ▶ 点击线 ⌒ 线▼ 绘制一条角度为2°，高度为5mm的直线 ▶ 确定完成草绘，确定完成扫描，如图131所示。

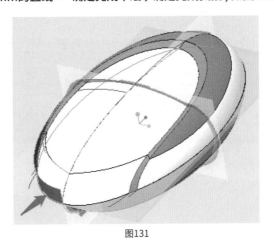

图131

步骤 39

点击样式命令 ☐样式 点击曲线 ∿ ▶ 点击创建平面曲线 ⊠ ▶ 设置DTM1为活动平面 ▶ 样式线的一端选择步骤05的椭圆线，另一端选择步骤37的草绘线，根据导入的图片绘制一条样式线，如图132所示。

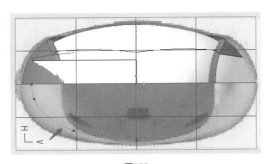

图132

步骤 40

点击边界混合命令 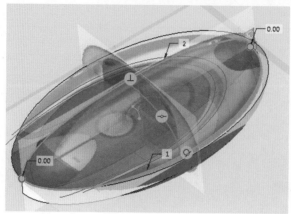 ▶ 依次选择三根线（步骤05的椭圆线、步骤37的草绘线、步骤39的样式线）▶ 点击FRONT面上的约束点按右键 ▶ 选择垂直选项，选择FRONT面 ▶ 确定完成边界混合，如图133所示。

图133

步骤 41

点击样式命令 样式 点击曲线 ～ ▶ 点击创建曲面上的曲线 ▶ 选择步骤40的曲面 ▶ 在曲面的范围内，绘制一条样式线，如图134所示。

图134

步骤 42

点击修剪 修剪 ，进入修剪界面 ▶ 选择步骤41的样式线 ▶ 确定完成修剪，如图135所示。

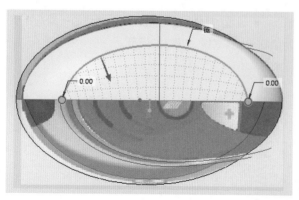 ▶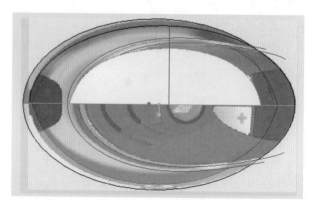

图135

🔲 步骤 43

点击边界混合命令 　▶　依次选择两根线（步骤05的椭圆线、步骤39的样式线）　▶　点击步骤39样式线的约束点按右键　▶　选择相切选项，选择修剪留下的面　▶　点击步骤05椭圆线上的约束点按右键　▶　选择相切选项，选择步骤38的扫描面　▶　确定完成边界混合，如图136所示。

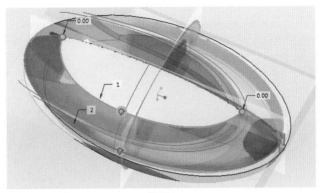

图136

🔲 步骤 44

选取步骤43的边界混合曲面　▶　按住Ctrl选取步骤42的修剪曲面　▶　点击合并命令 🔲合并　▶　确定完成曲面合并，如图137所示。

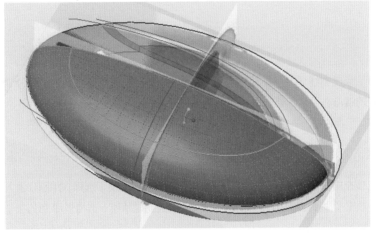

图137

🔲 步骤 45

点击镜像命令 🔲镜像　▶　选择步骤44合并后的曲面　▶　选择FRONT面为镜像面　▶　确定完成镜像，如图138所示。

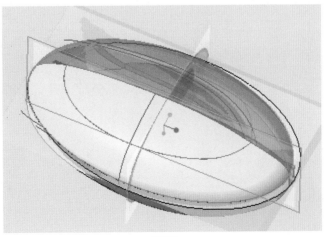

图138

步骤 46

选取步骤45的镜像曲面 ▶ 按住Ctrl选取步骤44的合并曲面 ▶ 点击合并命令 🗇合并 ▶ 确定完成曲面合并，如图139所示。

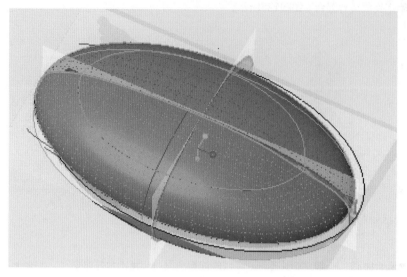

图139

步骤 47

点击样式命令 🞐样式　点击曲线 〜 ▶ 点击创建平面曲线 🖄 ▶ 选择基准面TOP面 ▶ 根据导入的图片绘制两条造型线。两条造型线的端点必须与步骤32、步骤33的曲线端点重合，如图140所示。

步骤 48

点击模型 模型 选项点击投影命令 ⟱投影 ▶ 点击参考里投影草绘，选择TOP面，进入草绘界面 ▶ 点击草绘界面里的投影命令 🞏投影 ，投影步骤47靠外的样式线 ▶ 确定完成草绘，选择步骤28的镜像曲面为投影面 ▶ 完成投影，如图141所示。

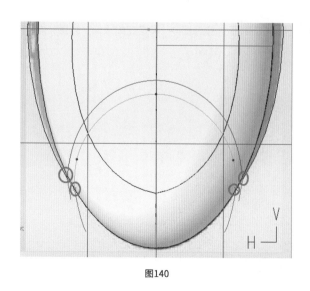

图140

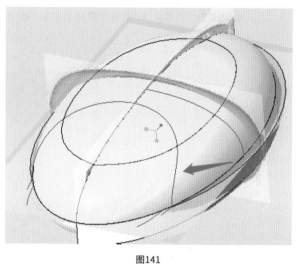

图141

步骤 *49*

点击模型 模型 选项中点击投影命令 ⟋ 投影 ▶ 点击参考里投影草绘，选择TOP面，进入草绘界面 ▶ 点击草绘
界面里的投影命令 ⬛ 投影 ，投影步骤47靠内的样式线 ▶ 确定完成草绘，选择步骤46的合并面为投影面 ▶ 完成投
影，如图142所示。

步骤 *50*

点击边界混合命令 ⬚ ▶ 依次选择四根线（步骤48、步骤49的投影线，步骤32、步骤33的曲线）▶ 确定完成边界
混合，如图143所示。

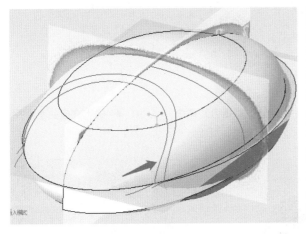

图142

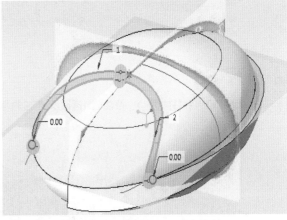

图143

步骤 *51*

选取步骤50的边界混合曲面 ▶ 按住Ctrl选取步骤28的镜像曲面 ▶ 点击合并命令 ⬡ 合并 ▶ 确定完成曲面合并，
如图144所示。

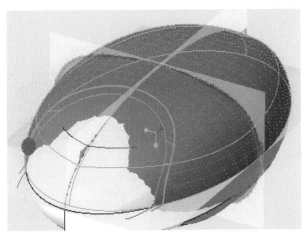

▶

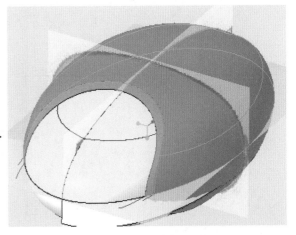

图144

步骤 *52*

选取步骤51的合并曲面 ▶ 按住Ctrl选取步骤46的合并曲面 ▶ 点击合并命令 ⊙合并 ▶ 确定完成曲面合并，如图145所示。

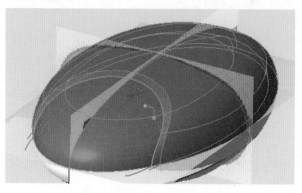 ▶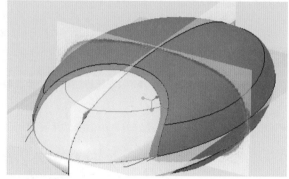

图145

步骤 *53*

选取步骤52的合并曲面 ▶ 按住Ctrl选取步骤36的合并曲面 ▶ 点击合并命令 ⊙合并 ▶ 确定完成曲面合并，如图146所示。

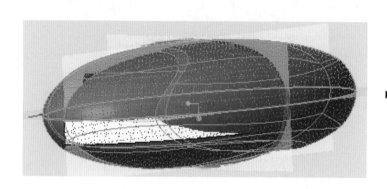 ▶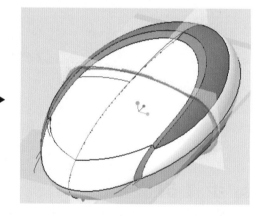

图146

步骤 *54*

选取步骤53的合并曲面 ▶ 点击实体化 实体化 ▶ 确定完成实体化，如图147所示。

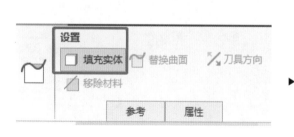 ▶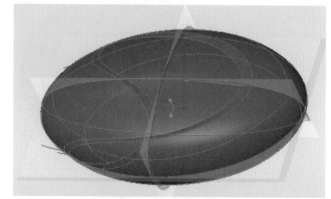

图147

步骤 55

点击拉伸命令 ▶ 选择曲面 ▶ 选择TOP面为草绘平面，进入草绘界面，根据导入的图片绘制草绘线 ▶ 确定草绘，深度选择双向，输入值50mm ▶ 确定拉伸，如图148所示。

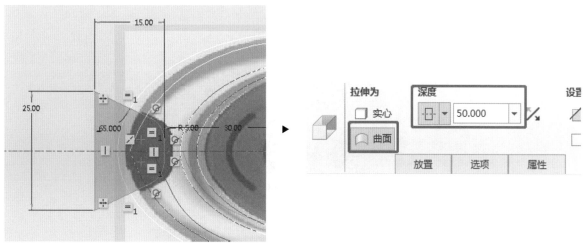

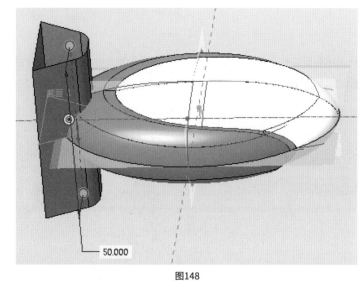

图148

步骤 56

点击拉伸命令 ▶ 选择曲面 ▶ 选择TOP面为草绘平面，进入草绘界面，根据导入的图片绘制草绘线 ▶ 确定草绘，深度选择双向，输入值50mm ▶ 确定拉伸，如图149所示。

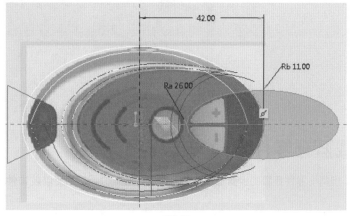

图149

步骤 57

点击拉伸命令 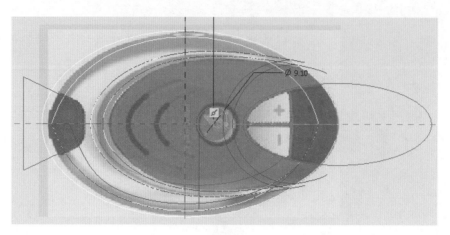 ▶ 选择曲面 ▶ 选择TOP面为草绘平面，进入草绘界面，根据导入的图片绘制一个直径9.1mm的圆 ▶ 确定草绘，深度选择双向，输入值50mm ▶ 确定拉伸，如图150所示。

图150

至此，车载蓝牙的master骨架文件已经全部完成，接下来是以骨架文件为中心，逐个拆分成各个零件，然后组装成车载蓝牙组件，完成如图151所示。

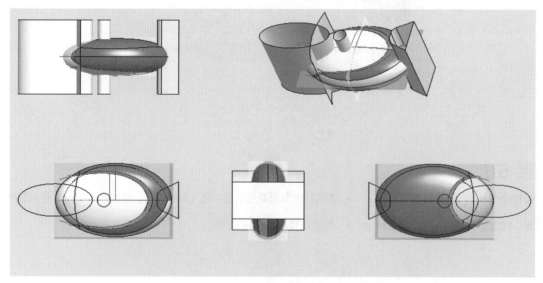

图151

2.2.3 车载蓝牙零件建模与工程图导出

车载蓝牙零件较多，但每个零件建模的步骤基本类似，因此不一一介绍。下面以装饰件为例，说明零件建模与工程图导出的步骤。

2.2.3.1 零件建模具体步骤

步骤 *01*

启动Creo 　▶选择工作目录 　▶ 新建零件RIGHT 　▶ 取消使用默认模板 ▶ 选择尺寸单位 ▶ 确定，
如图152所示。

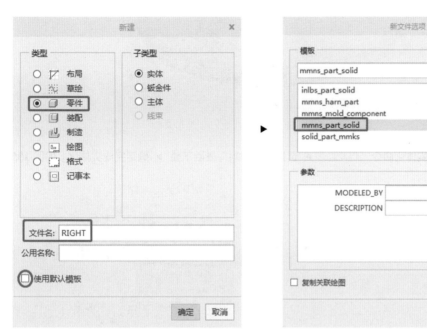

图152

步骤 *02*

在模型 　模型 　选项中选择点击复制几何 　▶ 选择master零件，确定默认坐标 ▶ 点击发布几何 　，选取
整体零件（实体）和顶部辅助曲面 ▶ 点击确定完成外部复制几何，如图153所示 。

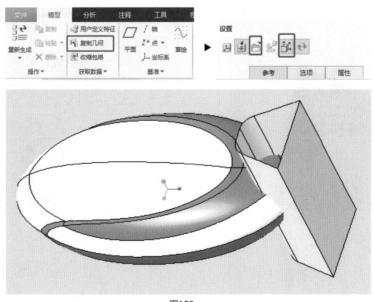

图153

步骤 *03*

点击壳命令 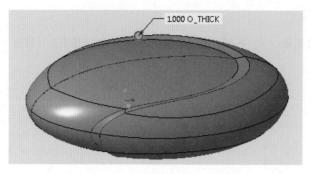 ▶ 输入数值1mm ▶ 确定完成壳命令，如图154所示。

图154

步骤 *04*

点击TOP基准面 ▶ 点击实体化命令 实体化 ▶ 选择移除材料，去除下壳 ▶ 确定完成实体化，如图155所示。

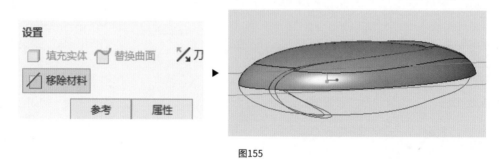

图155

步骤 *05*

选中辅助曲面 ▶ 点击偏移命令 偏移 ▶ 选择向内偏移，输入数值0.1mm ▶ 确定完成偏移命令，如图156所示。

步骤 *06*

选中步骤05偏移的辅助曲面 ▶ 点击实体化命令 实体化 ▶ 选择移除材料，去除辅助面以外的壳体 ▶ 确定完成实体化，如图157所示。

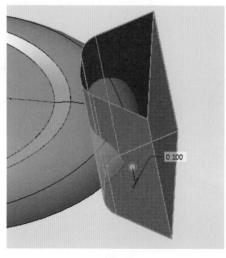

图156

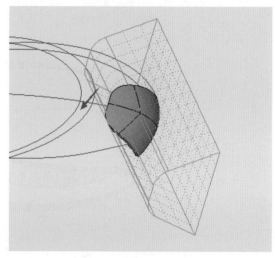

图157

步骤 07

点击拉伸命令 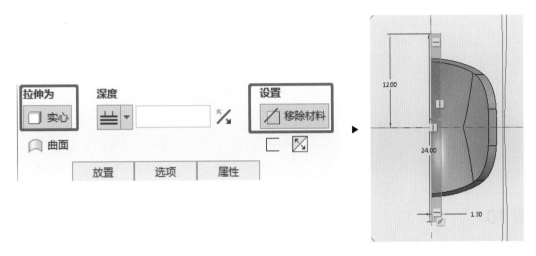 ▶ 选择RIGHT面为草绘平面，进入草绘界面 ▶ 绘制一个矩形 ▶ 确定完成草绘 ▶ 选择移除材料 ▶ 确定完成拉伸命令，如图158所示。

图158

步骤 08

选择零件表面曲面，点击偏移命令 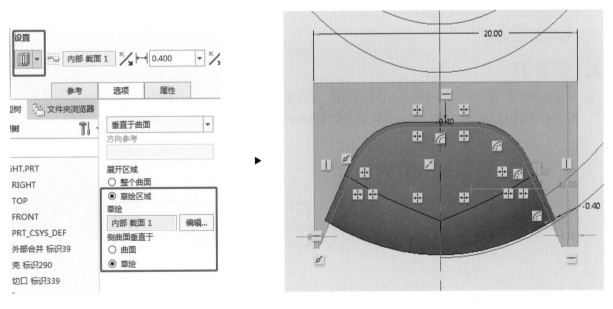 选择展开特征选项，在选项栏下面选择草绘区域，然后点击编辑进入草绘界面选取偏移，再选取边线，按中键确定，然后输入数值0.4mm，然后封闭曲线 ▶ 确定完成草绘 ▶ 输入偏移数值0.4mm确定完成偏移命令，如图159所示。

图159

步骤 *09*

在模型　模型　选项中选择点击平面 ▱ ▸ 选择TOP基准面 ▸ 输入值偏移0.9mm ▸ 确定完成平面命令，如图160所示。

图160

步骤 *10*

点击拉伸命令 ▸ 选择步骤09新建的基准面，进入草绘界面 ▸ 绘制两个矩形 ▸ 确定完成草绘 ▸ 深度选择拉伸到下一曲面 ▸ 确定完成拉伸命令，如图161所示。

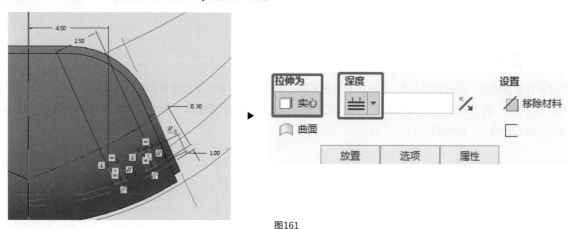

图161

步骤 *11*

点击拉伸命令 ▸ 选择步骤09新建的基准面，进入草绘界面 ▸ 绘制步骤10两个矩形的横梁 ▸ 确定完成草绘 ▸ 深度选择指定深度值，输入0.8mm ▸ 确定完成拉伸命令，如图162所示。

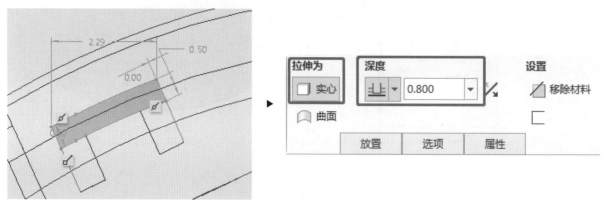

图162

步骤 12

点击倒角命令 📐 倒角 ▼ ▶ 选择步骤11的一条边，输入数值0.4 ▶ 确定完成倒角，如图163所示。

步骤 13

在模型树选择步骤10的特征，然后选择镜像命令 ◗◖ 镜像 ▶ 选择FRONT为镜像面 ▶ 确定完成镜像。依次类推，把步骤11、步骤12都通过镜像命令 ◗◖ 镜像 再生一个特征，如图164所示。

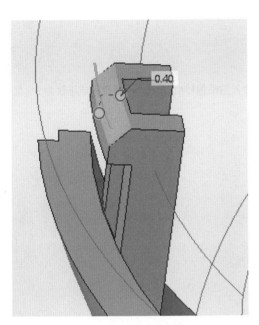

图163

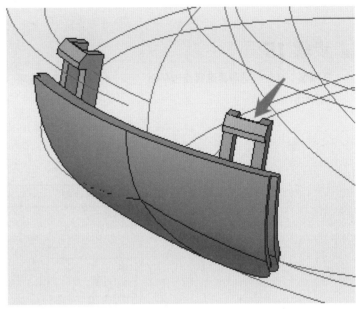

图164

步骤 14

点击拉伸命令 🗗 ，选择步骤07移除材料后的曲面，进入草绘界面 ▶ 绘制四个矩形 ▶ 确定完成草绘 ▶ 深度选择与所有曲面相交 ▶ 确定完成拉伸命令，如图165所示。

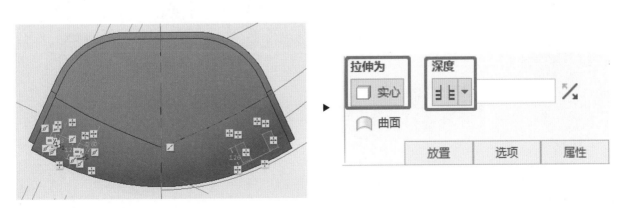

图165(一)

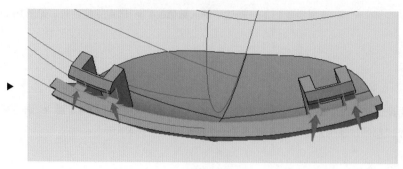

图165(二)

步骤 15

在模型 模型 选项里选择点击平面 ▱ ▶ 选择TOP基准面 ▶ 输入数值偏移4.8mm ▶ 确定完成平面命令,如图166所示。

图166

步骤 16

点击拉伸命令 ▱ ,选择步骤15的基准面,进入草绘界面 ▶ 绘制一根横线 ▶ 确定完成草绘 ▶ 深度选择拉伸至下一曲面,选择加厚,输入数值0.8mm ▶ 确定完成拉伸,如图167所示。

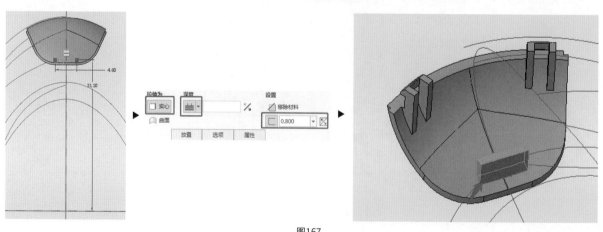

图167

步骤 *17*

点击拉伸命令 ，选择步骤15的基准面，进入草绘界面 ▶ 绘制一根横线 ▶ 确定完成草绘 ▶ 深度选择0.9mm，选择加厚，输入数值1.3mm ▶ 确定完成拉伸，如图168所示。

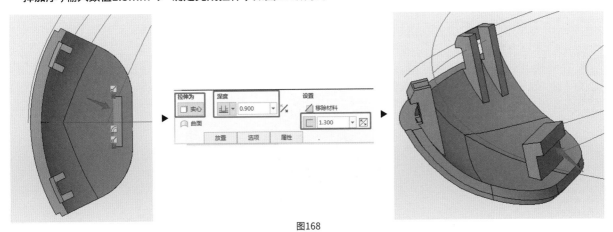

图168

步骤 *18*

点击倒角命令 倒角▼ ▶ 选择步骤17的一条边，输入数值0.4 ▶ 确定完成倒角，如图169所示。

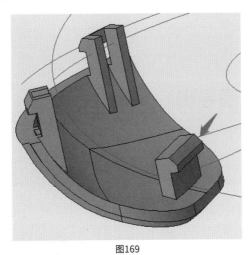

图169

步骤 *19*

点击拉伸命令 ，选择步骤15的基准面，进入草绘界面 ▶ 绘制两个矩形 ▶ 确定完成草绘 ▶ 深度选择拉伸至选定的曲面，选择移除材料 ▶ 确定完成拉伸，如图170所示。

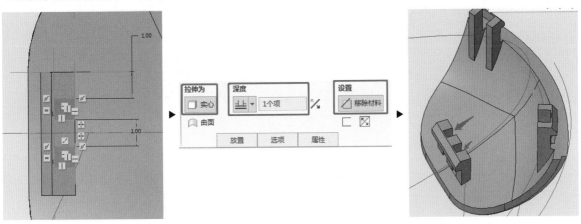

图170

至此，车载蓝牙的装饰件零件建模完成，如图171所示。

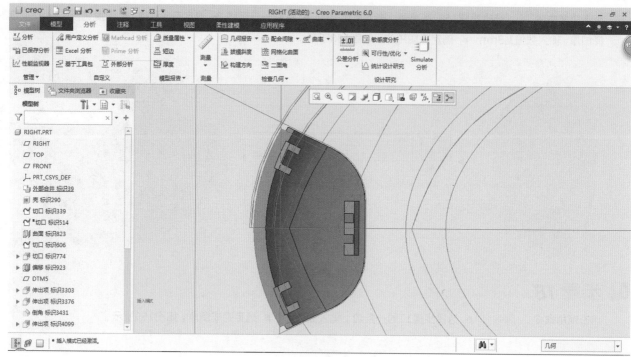

图171

2.2.3.2　零件工程图导出

步骤 01

启动Creo ▶选择工作目录 ▶ 新建文件back ▶ 取消使用默认模板 ▶ 选择空，选择A4模板 ▶ 确定，如图172所示。

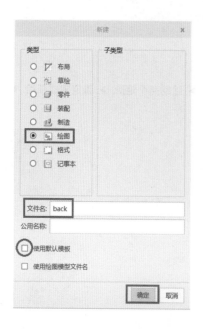 ▶

图172

步骤 *02*

进入工程图界面，在布局选项中，点击普通视图 ▶ 选择back零件，确定无组合状态 ▶ 任意位置点击一下左键，零件就会出现在工程图中 ▶ 点击FRONT面为主视图（选几何参考、再选零件孔的轴线逆向转90°） ▶ 选择视图显示，在显示样式里选择线框 ▶ 确定，完成零件导入工程图里，如图173所示。

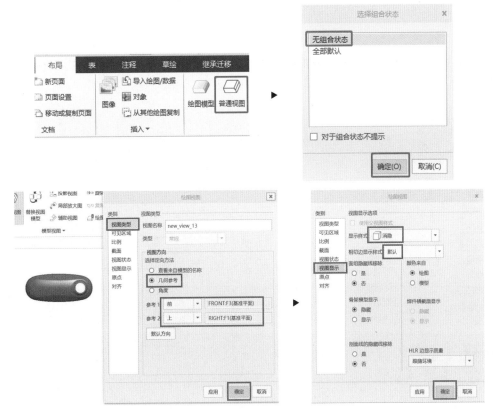

图173

步骤 *03*

点击主视图，然后点击投影视图 ▶ 鼠标往左移，按左键形成左视图，以此类推，生成所需视图 ▶ 点击锁定视图移动，拖动每个视图位置，使视图看上去规整，如图174所示。

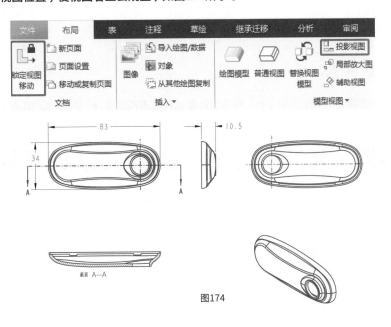

图174

2.2.4　车载蓝牙装配体生成与分解

零件建模完成以后就需要进行组装和做分解，下面介绍组装图与分解的步骤。

2.2.4.1　装配体生成步骤

步骤 *01*

启动Creo ▶ 选择工作目录 ▶ 新建装配asm0001 ▶ 取消使用默认模板 ▶ 选择尺寸单位 ▶ 确定，如图175所示。

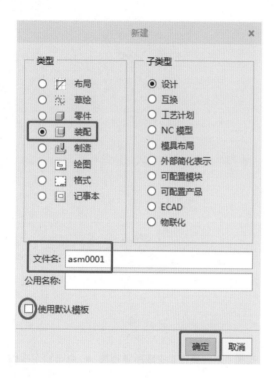
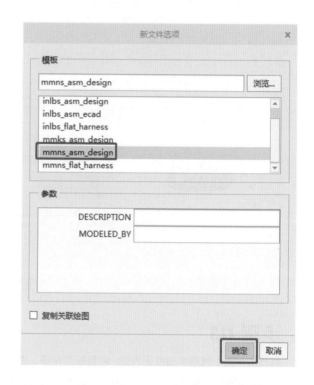

图175

步骤 *02*

点击模型 模型 选项中选择点击组装命令 组装 在位置关系选项里选择默认 ▶ 确定，如图176所示。

图176

步骤 03

其余零件按照步骤02，依次组装到组装图里，如图177所示。

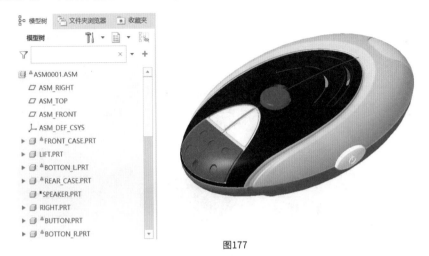

图177

装配体就此完成。读者可能会问，为什么选择默认位置？这是因为每个零件都是通过复制几何命令，从master里复制曲面后建模的。通过复制几何命令，使每个零件的坐标都是和master的坐标相同的，所以装配的时候，位置关系选择默认就可以了。

2.2.4.2　装配体分解

打开装配asm0001图纸 ▶ 点击模型　模型　选项里选择点击编辑位置　🔧编辑位置　点击零件，出现xyz坐标轴，选择其中一个坐标位置按住左键进行拖动就可以了 ▶ 点击分解视图命令　🔳分解视图　就可以在分解图和装配图里切换，如图178所示。

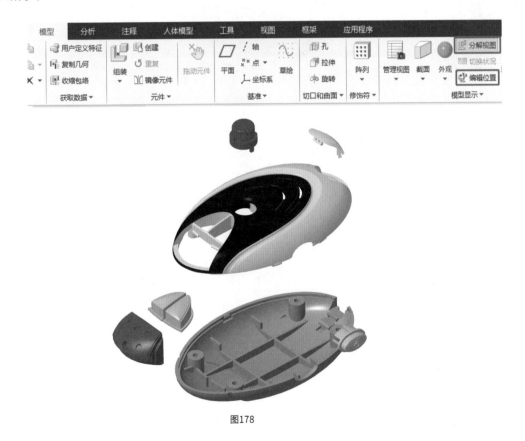

图178

2.2.4.3　车载蓝牙产品爆炸图

车载蓝牙产品爆炸图如图179所示。

图179

本案例建模源文件下载路径：\ https://www.xingshuiyun.com \ Creo 6.0产
品造型设计与实例:微课视频版 \ 数字资源 \ 拓展资料 \ 2.2 车载蓝牙源文件

03

产品造型精选实例
品型选例造实

SELECTED CASE

· master建模步骤

· 零件与装配体展示

WALL
TELE
PHONE

ISA 爱信 壁挂式电话机 HA8588T 106

DESK
PHONE

CHINO-E 中诺 台式电话机 HCD6238(28)P / TSD32

CAR
AIR PURIFIER

PHILIPS GoPure Compact 100 Airmax 车载空气净化器 GPC10MXX1

3.1　壁挂式电话机设计

3.1.1　master建模步骤

3.1.1.1　电话机听筒master建模步骤

电话机听筒如图1所示。

主视图　　　　　　　　　侧视图　　　　　　　后视图

图1

步骤 01

启动Creo　▶　选择工作目录　▶　新建文件master　▶　取消使用默认模板　▶　选择尺寸单位　▶　确定，如图2所示。

　▶　

图2

步骤 02

在模型选项里选择点击草绘　▶　选择FRONT面为草绘平面，按确定进入草绘界面　▶　用　□矩形　画一个53mmx165mm的矩形　▶　运用对称约束　⊹对称　命令使矩形上下左右对称　▶　点击确定完成草绘，如图3所示。

　▶　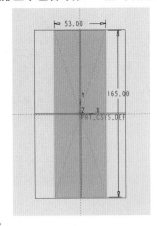

图3

步骤 *03*

点击模型选项中的样式命令 ◯样式 ▶ 然后点击视图 视图 ▶ 点击模型显示 模型显示▾ ▶ 点击图像 ▶ 点击导入 📁 ▶ 根据图片需要摆放的位置（主视图、侧视图、俯视图等）选择基准面 ▶ 选择图片 ▶ 调整图片大小，大小调整到步骤01所画的草绘矩形里 ▶ 重新点击导入，换个基准面插入你所需要的图片 ▶ 确定完成图片插入，如图4所示。

图4

步骤 *04*

点击草绘 ◯ 选择RIGHT面为草绘平面，绘制弧线 ▶ 确定完成"草绘3" ▶ 点击拉伸命令 ◯ ▶ 选择拉伸曲面 ◯ ▶ 选择双向拉伸 ⊞ 100mm，如图5所示。

步骤 *05*

点击样式命令 ◯样式 ▶ 设置活动平面RIGHT面 ◯ ▶ 绘制曲线 ∿ ▶ 选择平面曲线 ◯ ，如图6所示。

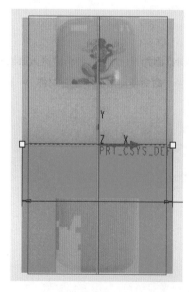

图5

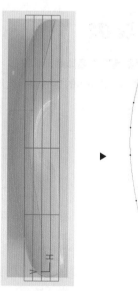

图6

步骤 06

点击平面 ▱ ▸ 选择FRONT为基准平面 ▸ 偏移20mm ▸ 确定（称DTM1）▸ 点击样式命令 样式 ▸ 设置
活动平面 ▱ DTM1 ▸ 绘制曲线 ~ ▸ 选择平面曲线 ▱ ▸ 绘制曲线 ▸ 选择投影 投影 ▸ 曲面选择
步骤04中的拉伸曲面，方向选择沿方向，选择FRONT面，如图7所示。

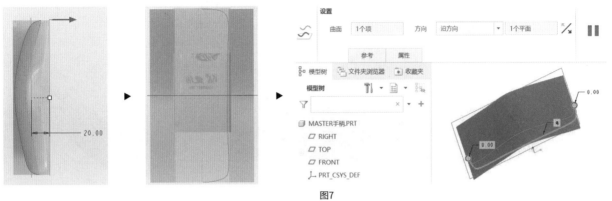

图7

步骤 07

点击样式命令 样式 ▸ 设置活动平面 ▱ TOP ▸ 绘制曲线 ~ ▸ 选择平面曲线 ▱ ▸ 绘制曲线，如图8所示。

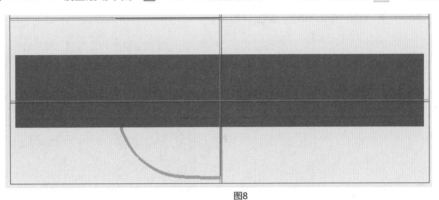

图8

步骤 08

点击平面 ▱ ▸ 选择TOP为基准平面 ▸ 偏移43.5mm ▸ 确定（称DTM2）▸ 同样方式得到DTM3，点击样式命令
样式 ▸ 置活动平面 ▱ DTM2 ▸ 绘制曲线 ~ ▸ 选择平面曲线 ▱ ▸ 绘制曲线 ▸ 同样方式在DTM3
绘制曲线，如图9所示。

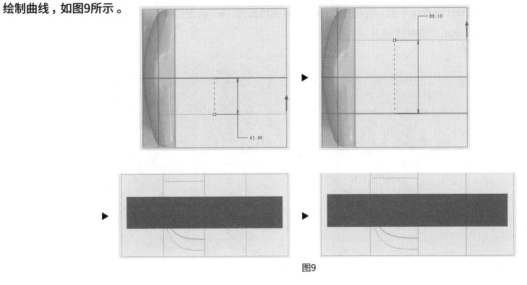

图9

步骤 09

点击边界混合命令 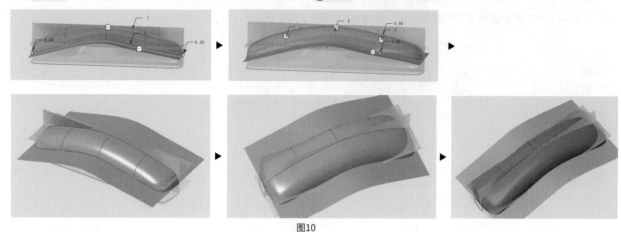 ▶ 依次选择两根线 ▶ 然后选择另一方向三根线 ▶ 确定完成边界混合 ▶ 选择镜像命令 ⚌镜像 ▶ 选择RIGHT为镜像平面 ▶ 选择合并命令 ⬚合并 ，如图10所示。

图10

步骤 10

点击平面 ▱ ▶ 选择RIGHT为基准平面 ▶ 旋转8° ▶ 确定（称DTM4） ▶ 点击平面 ▱ ▶ 选择DTM4为基准平面 ▶ 偏移7.4mm ▶ 确定(称DTM5)，如图11所示。

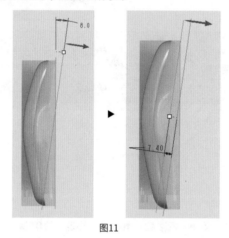

图11

步骤 11

点击草绘 ⬚ 选择DMT1草绘平面，绘制直线 ▶ 确定完成草绘 ▶ 点击拉伸 ⬚ ▶ 选择拉伸曲面 ⬚ ▶ 选择双向拉伸 ⬚ 120mm，如图12所示。

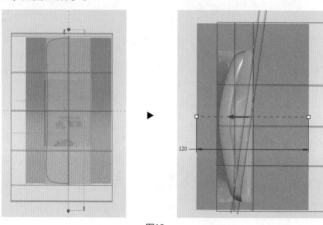

图12

步骤 12

点击样式命令 样式 ▶ 设置活动平面 DTM4 ▶ 绘制曲线 ～ ▶ 选择平面曲线 ▶ 绘制曲线 ▶ 同样方式在绘制下面样式曲线，如图13所示。

 ▶

图13

步骤 13

点击样式命令 样式 ▶ 设置活动平面 RIGHT面 ▶ 绘制曲线 ～ ▶ 选择平面曲线 ▶ 绘制曲线，如图14所示。

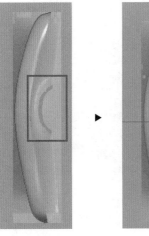 ▶ 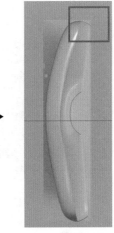 ▶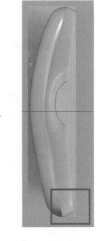

图14

步骤 14

点击草绘 选择DTM1基准面绘制直线 ▶ 确定完成草绘 ▶ 点击拉伸 ▶ 选择拉伸曲面 ▶ 选择指定深度拉伸 60mm，如图15所示。

 ▶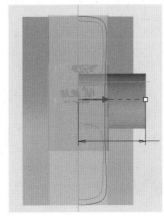

图15

步骤 15

点击平面 ▢ ▶ 选择FRONT面为基准平面 ▶ 偏移38mm ▶ 确定（称DTM6）▶ 点击草绘 ∿ 选择DMT6草绘平面，绘制样条 ∿样条 ▶ 确定完成草绘 ▶ 选择投影 ☷投影 ▶ 曲面选择步骤14中的拉伸曲面，方向选择沿方向，选择FRONT面，如图16所示。

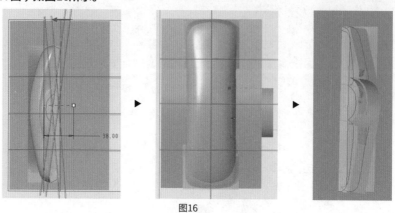

图16

步骤 16

点击草绘 ∿ 选择DMT6草绘平面，绘制四边形 ▶ 确定完成草绘 ▶ 点击拉伸命令 ◻ ▶ 选择拉伸曲面 ◻ ▶ 选择指定深度拉伸 ⊥ 70mm，如图17所示。

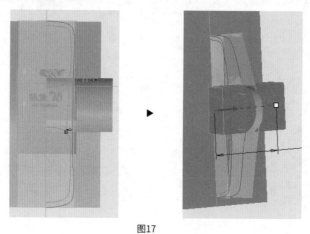

图17

步骤 17

点击样式命令 ◻样式 ▶ 设置活动平面 ▢ 步骤16中四边形一边 ▶ 绘制曲线 ∿ ▶ 选择平面曲线 ◻ ▶ 绘制曲线 ▶ 同样方式绘制另一边样式，如图18所示。

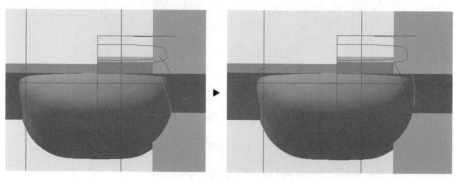

图18

步骤 18

点击草绘 ✎ 选择RIGHT面为草绘平面，绘制线段 ▶ 确定完成草绘 ▶ 点击拉伸命令 🗗 ▶ 选择拉伸曲面 ⬠ ▶ 选择指定深度拉伸 ⬒ 77mm ▶ 选择步骤06中的曲线投影 ⬭投影 ▶ 曲面选择拉伸曲面，方向选择沿方向，平面选择FRONT面，如图19所示。

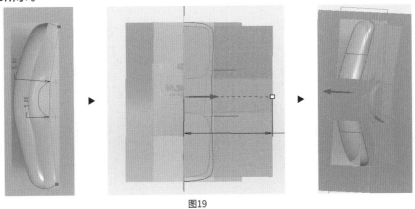

图19

步骤 19

点击边界混合命令 ⬭ ▶ 依次选择两根线 ▶ 然后选择另一方向6根线 ▶ 确定，如图20所示。

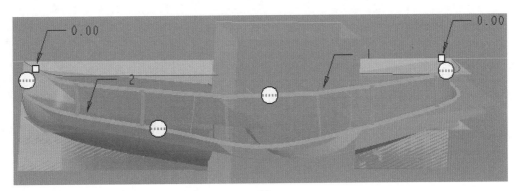

图20

步骤 20

选择点 ✕✕点 创建基准点，如图21所示。

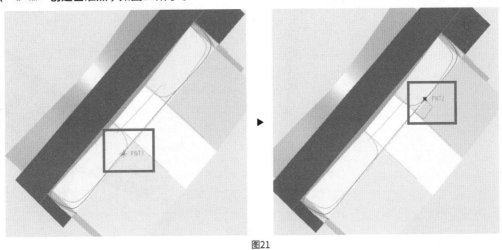

图21

步骤 *21*

点击草绘 🖊   选择RIGHT为草绘平面，绘制样条曲线 ▶   确定完成草绘 ▶   点击拉伸命令 📄 ▶   选择拉伸曲面 🔲 ▶   选择指定深度拉伸 🔟 50mm ▶   选择移除材料 ▶   选择面组为步骤18中混合的面，如图22所示。

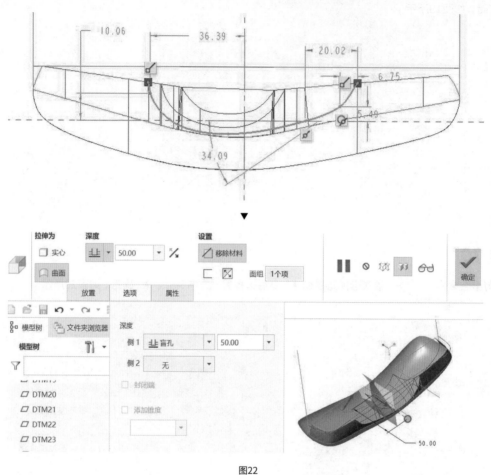

图22

步骤 *22*

点击草绘 🖊 选择DMT1为草绘平面，绘制线段 ▶ 确定完成草绘 ▶ 点击拉伸命令 📄 ▶ 选择拉伸曲面 🔲 ▶ 选择指定深度拉伸 🔟 57mm，如图23所示。

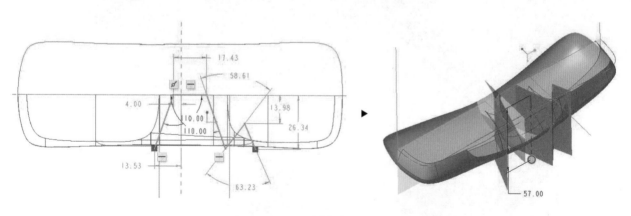

图23

步骤 23

点击样式命令 ⬚样式 ▶ 设置活动平面 ▢ 拉伸8 ▶ 绘制曲线 ∿ ▶ 选择平面曲线 ▣ ▶ 绘制曲线 ▶ 同样方式绘制另一边样式，如图24所示。

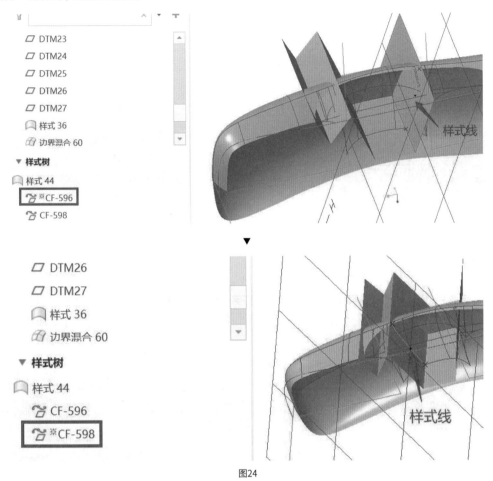

图24

步骤 24

点击草绘 ∿ 选择RIGHT为草绘平面，绘制线段 ▶ 确定完成草绘 ▶ 点击拉伸命令 ▱ ▶ 选择拉伸曲面 ▢ ▶ 选择指定深度拉伸 ⯗ 40mm，得到拉伸9，如图25所示。

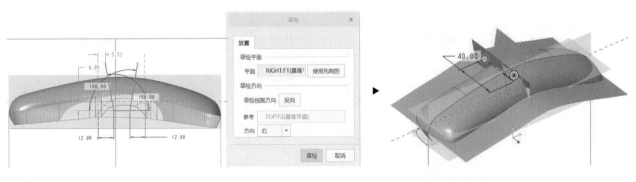

图25

步骤 25

点击样式命令 样式 ▶ 设置活动平面 ▶ 拉伸9 ▶ 绘制曲线 ~ ▶ 选择平面曲线 ▶ 绘制样式线 ▶ 同样方式绘制另一边的样式线，如图26所示。

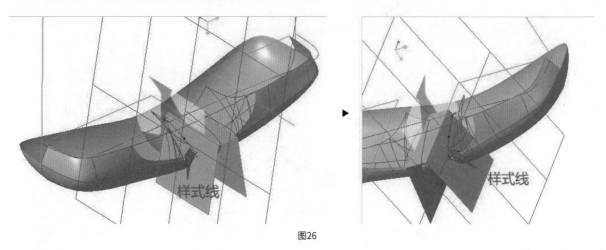

图26

步骤 26

点击边界混合命令 ▶ 依次选择两根线 ▶ 然后选择另一方向两根线 ▶ 完成边界混合面，同理完成另外四个边界混合面，如图27所示。

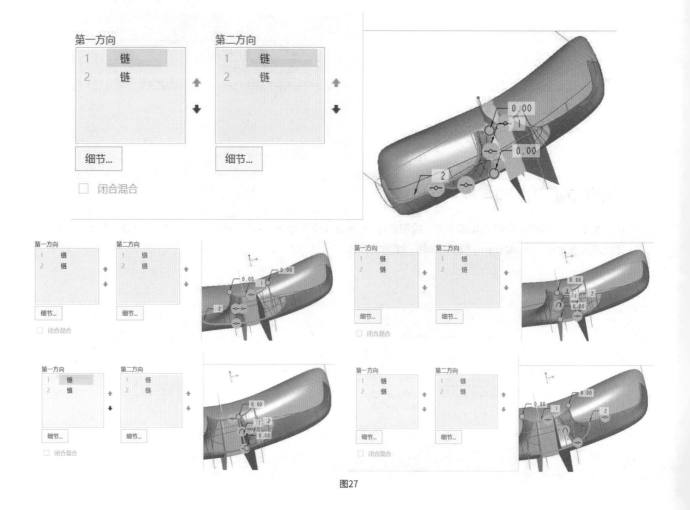

图27

步骤 27

点击样式命令 🔍样式 ▶ 选择在曲面上绘制 🖻 ▶ 绘制曲线 ▶ 选择曲面修建 🗹曲面修剪 ▶ 面组选择下面图(b)绿色部分 ▶ 修剪部分为图(c)，如图28所示。

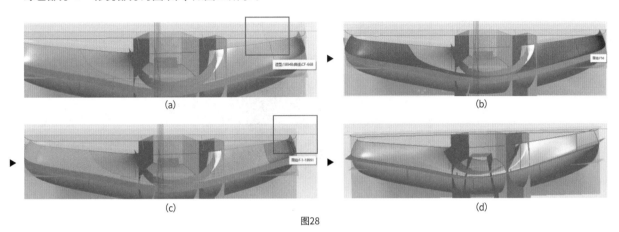

图28

步骤 28

同步骤26，如图29所示。

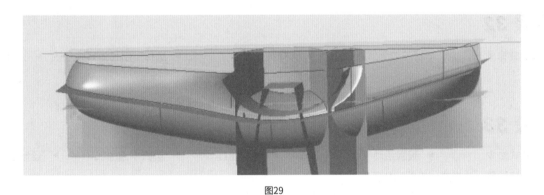

图29

步骤 29

点击边界混合命令 ◈ ▶ 依次选择两根线 ▶ 然后选择另一方向两根线，其他同理，如图30所示。

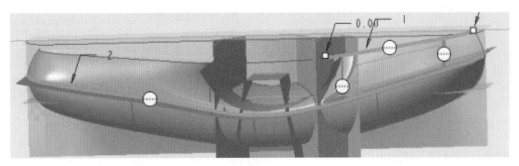

图30

步骤 **30**

点击样式命令 ⬜样式 ▶ 选择曲面 🔲 ，依次选择四条线，如图31所示。

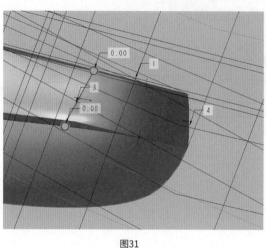

图31

步骤 **31**

按照上面方法，调整其他不平滑地方。

步骤 **32**

选择合并命令 🔗合并 ，将左边全部曲面合并 ▶ 选择镜像命令 🔳镜像 ▶ 选择RIGHT为镜像平面 ▶ 选择 🔗合并 。

步骤 **33**

点击样式命令 ⬜样式 ▶ 设置活动平面 🔳 DTM4 ▶ 绘制曲线 〰 ▶ 选择平面曲线 🔲 ▶ 绘制曲线 ▶ 同样方式绘制另一边样式，如图32所示。

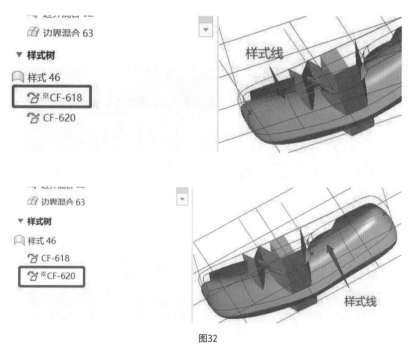

图32

步骤 *34*

点击边界混合命令 ⌷ ▶ 依次选择两根线，另一个同理，如图33所示。

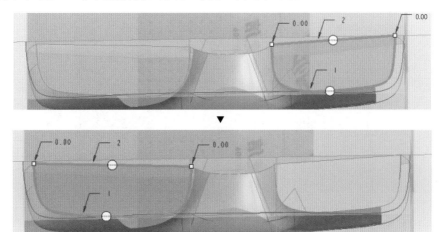

图33

步骤 *35*

点击镜像命令 ⌷⌷镜像 ▶ 选择RIGHT面为镜像平面 ▶ 选择合并命令 ⌷合并 ，如图34所示。

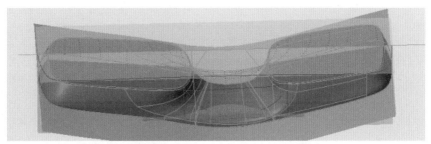

图34

至此，电话机听筒master完成，如图35所示。

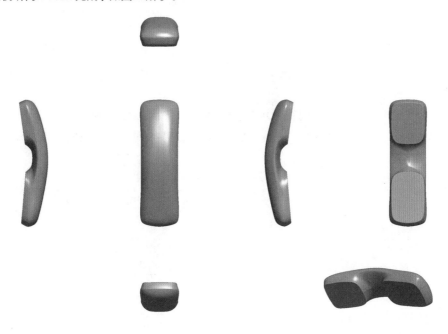

图35

3.1.1.2 电话机底座master建模步骤

电话机底座如图36所示。

主视图　　　　　　　　　　侧视图　　　　　　　　　　后视图

图36

步骤 *01*

启动Creo 　 ▶ 选择工作目录 　 ▶ 新建文件master 　 ▶ 取消使用默认模板 ▶ 选择尺寸单位 ▶ 确定，
如图37所示。

　▶　

图37

步骤 *02*

在模型选项里选择点击草绘 　 ▶ 选择FRONT为草绘平面，按确定进入草绘界面 ▶ 用 　矩形▼　 画一个
80mm×200mm的矩形 ▶ 运用对称约束 中对称 命令使矩形上下左右对称 ▶ 点击确定完成草绘，如图38所示。

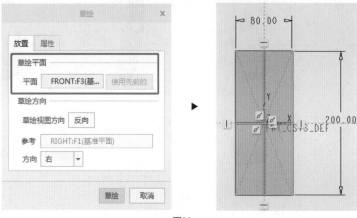

图38

步骤 03

点击模型选项中样式命令 样式 ▶ 然后点击视图 视图 ▶ 点击模型显示 模型显示▾ ▶ 点击图像 ▶ 点击导入 ▶ 根据图片需要摆放的位置（主视图、侧视图、俯视图等）选择基准面 ▶ 选择图片 ▶ 调整图片大小，大小调整到步骤1所画的草绘矩形里 ▶ 重新点击导入，换个基准面插入你所需要的图片 ▶ 确定完成图片插入，如图39所示。

图39

步骤 04

点击平面 ▯ ▶ 选择FRONT为基准平面 ▶ 偏移11 ▶ 确定（称DTM1）▶ 点击平面 ▯ ▶ 选择DTM1为基准平面 ▶ 旋转2.5° ▶ 确定（称DTM2），如图40所示。

步骤 05

点击草绘 选择DTM2草绘平面，绘制草绘 ▶ 确定完成草绘 ▶ 点击拉伸 ▶ 选择拉伸实体 ▯ ▶ 选择指定深度拉伸 13mm，如图41所示。

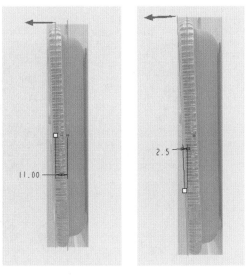

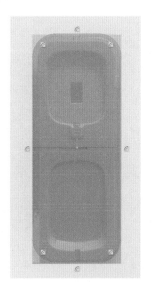
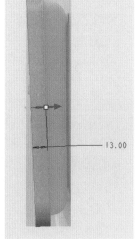

图40　　　　　　　图41

步骤 06

点击平面 ▭ ▶ 选择FRONT为基准平面 ▶ 偏移15 ▶ 确定（称DTM3）▶ 点击草绘 ～ ▶ 选择DTM3为草绘平面，绘制草绘 ▶ 确定完成 ▶ 点击填充 ▦ 填充 ，如图42所示。

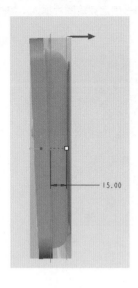
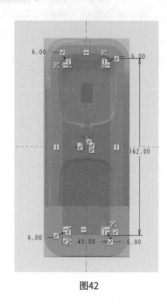
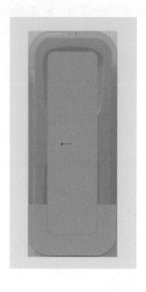

图42

步骤 07

点击平面 ▭ ▶ 选择DTM2为基准平面 ▶ 偏移13 ▶ 确定（称DTM3）▶ 点击草绘 ～ ▶ 选择DTM3为草绘平面，绘制草绘 ▶ 确定完成，如图43所示。

步骤 08

点击平面 ▭ ▶ 选择DTM3为基准平面 ▶ 偏移13 ▶ 确定（称DTM4）▶ 点击投影 ▭ 投影 ▶ 选择DTM3的草绘 ▶ 点击偏移 ▭ 偏移 为1 ▶ 确定，如图44所示。

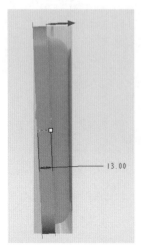
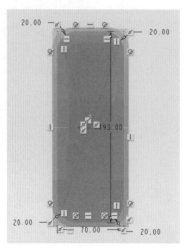
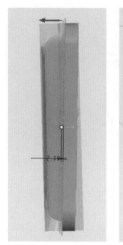
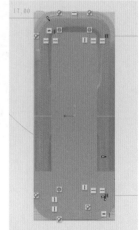

图43

图44

步骤 09

点击草绘 🖉　选择DMT3为基准面，绘制线段　▶　确定完成草绘　▶　点击拉伸 🖉　▶　选择拉伸曲面 🖫　▶　选择指定深度拉伸 🖳，如图45所示。

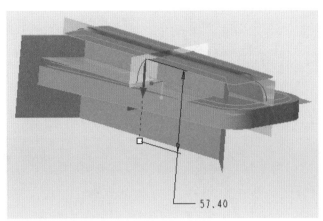

图45

步骤 10

点击样式命令 🔍样式　▶　设置活动平面 🖾　步骤9拉伸平面　▶　绘制曲线 ～　▶　选择平面曲线 🖾　▶　绘制曲线　选择镜像 🗌〔镜像　▶　选择RIGHT为镜像平面，如图46所示。

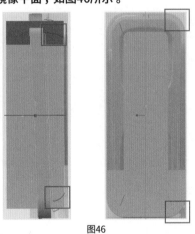

图46

步骤 11

点击样式命令 🔍样式　▶　设置活动平面 🖾　RIGHT　▶　绘制曲线 ～　▶　选择平面曲线 🖾　▶　绘制曲线　▶　设置活动平面 🖾　TOP　▶　绘制曲线 ～　▶　选择平面曲线 🖾　▶　绘制曲线　▶　选择镜像 🗌〔镜像　▶　选择RIGHT为镜像平面，如图47所示。

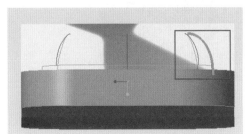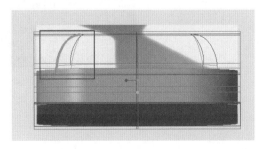

图47

步骤 *12*

点击边界混合命令 ▸ 依次选择两根线 ▸ 然后选择另一方向8根线 ▸ 确定，如图48所示。

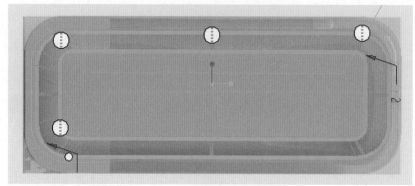

图48

步骤 *13*

点击草绘 选择DMT4为基准面 ▸ 点击投影 投影 选择DTM3的草绘 ▸ 点击偏移 偏移 为1 ▸
填充 填充 ▸ 确定，如图49所示。

图49

步骤 *14*

点击合并命令 合并 ，至此挂壁式电话机机座master完成，如图50所示。

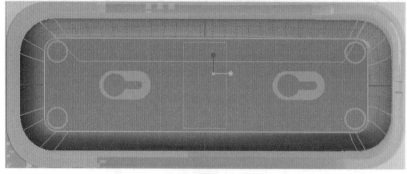

图50

至此，电话机底座master完成，如图51所示。

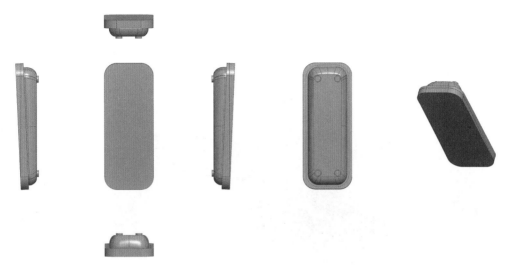

图51

3.1.2 零件与装配体展示

电话机部分零件与装配体展示（听筒下座零件与外形视图、基座下座零件与外形视图），如图52所示。

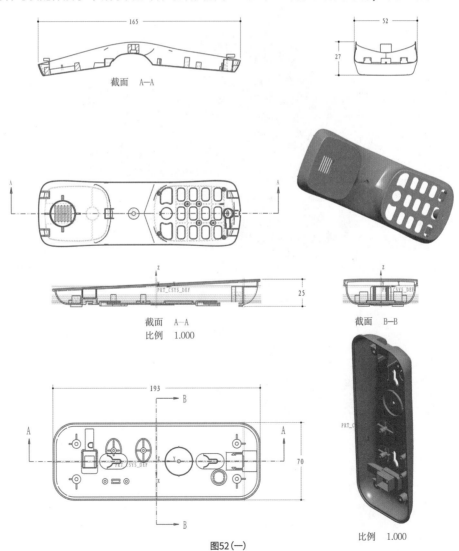

图52（一）

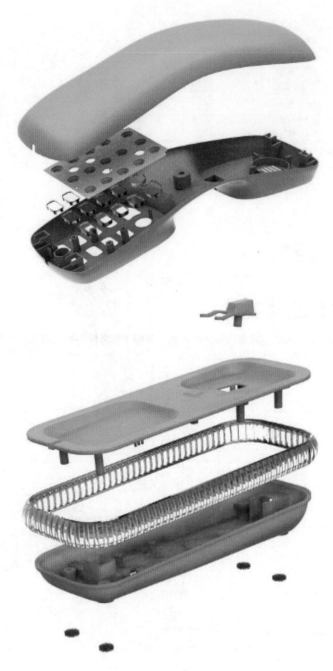

图52(二)

本案例建模源文件下载路径：\ https://www.xingshuiyun.com \ Creo 6.0产品造型设计与实例:微课视频版 \ 数字资源 \ 拓展资料 \ 3.1壁挂式电话机源文件

3.2 台式电话机设计

3.2.1 master建模步骤

3.2.1.1 电话机机座master建模步骤

电话机机座如图 53所示。

图 53

步骤 *01*

打开 Creo ▶ 设置工作目录 ▶ 新建 ▶ 取消使用默认模板 ▶ 选择尺寸单位 ▶ 确定，如图 54
所示。

 ▶

图 54

步骤 *02*

在模型栏 模型 选择 ▶ 选择 TOP 为基准面确定进入草绘界面 ▶ 用矩形 □ 矩形 ▾ 画一个 166 mmx
206.5mm的矩形，即草绘 1 ▶ 使用 ⊹ 对称 使矩形上下左右对称 ▶ 点击确定完成绘制，如图 55所示。

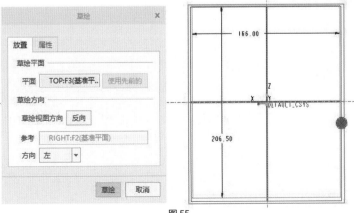

图 55

🔖 步骤 *03*

选择视图栏 视图 ▶ 选择 模型显示▼ ▶ 选择"图片"选项 ▶ 点击 📂 ▶ 选择 TOP视图 ▱ TOP ▶ 导入图片 ▶ 调整图大小片与矩形重合。点击完成，如图 56所示。

图 56

🔖 步骤 *04*

选择建立基准点 ×× 点 ▶ 点击 RIGHT视图，按住 Ctrl点击矩形上面一条边得到交点，即基准点 PNT0，同理得参考点 PNT1，如图 57所示。

图 57

🔖 步骤 *05*

选择视图栏 视图 ▶ 选择 模型显示▼ ▶ 选择"图片"选项 ▶ 点击 📂 ▶ 选择 RIGHT视图 ▱ RIGHT ▶ 导入图片 ▶ 调整图片两端与参考点重合（电话最前端点与参考点重合，确定上下位置）（点击 🖼 选择 RIGHT视图更便于调整） ▶ 点击完成，如图 58所示。

图 58

步骤 *06*

选择平面 ▱ 建立基准面 DTM1 ▶ 点击 FRONT视图，按住 Ctrl点击 PINT1建立基准面 DTM1，同理建立上基准面 DTM2，如图 59所示 。

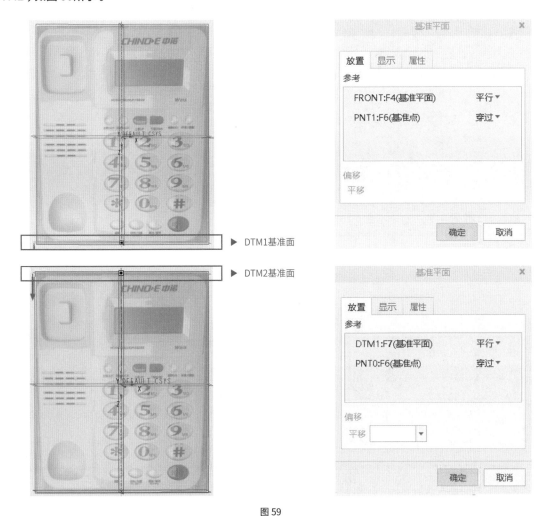

图 59

步骤 *07*

参照步骤 04建立基准点 ✕✕ 点 的方式建立 PNT2和 PNT3，如图 60所示 。

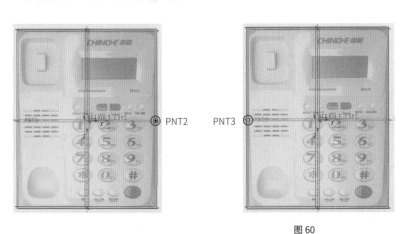 

图 60

步骤 08

参照步骤06建立基准面 的方式，建立两侧基准面 DTM3（右）和 DTM4（左），如图 61所示。

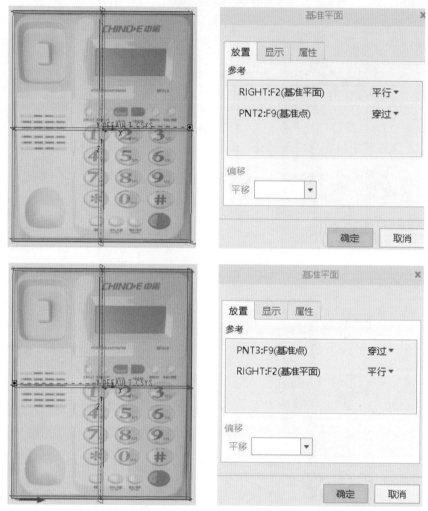

图 61

步骤 09

点击平面 ▱ ，选择 RIGHT视图，过分模线顶点绘制一条直线（草绘 2），如图 62所示。

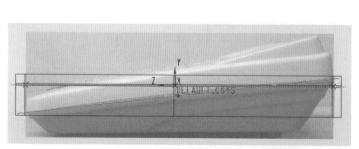

图 62

步骤 10

创建基准点 PNT4 和 PNT5，如图 63所示，用步骤 09的直线与基准面 DTM1、DTM2得交点即为 PNT4（左）和 PNT5（右）。

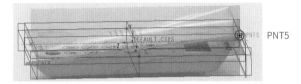

图 63

步骤 11

选中基准面 DTM1，点击草绘 进入绘制界面，点击 摆正视图，过下面的基准点 PNT4绘制一条线段，即草绘 3，如图 64所示。

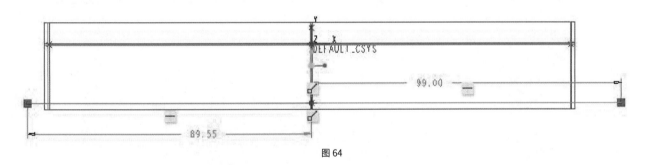

图 64

步骤 12

选中 DTM2，点击草绘 进入绘制界面，点击 摆正视图，过上面的基准点 PNT5绘制一条线段，即草绘 4，如图 65所示。

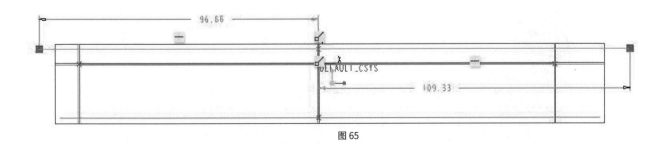

图 65

步骤 13

绘制基准点 PNT6和 PNT7 , 如图 66所示 , 用步骤 11和步骤 12的两条直线与基准面 DTM3得交点。

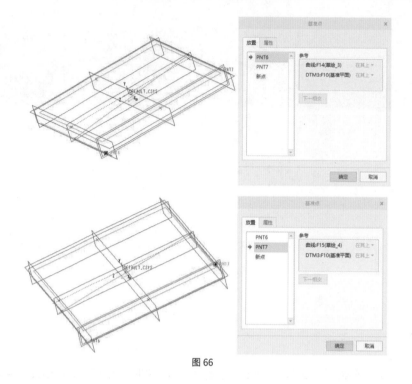

图 66

步骤 14

选中基准面 DTM3 , 点击草绘 ✎ 绘制草图 , 过 PNT6和 PNT7沿分模线绘制样条曲线 , 即草绘 5 , 如图 67所示。

图 67

步骤 15

同理绘制方法 , 在基准面 DTM4上的样条曲线 , 即草绘 6 , 如图 68所示。

图 68

步骤 *16*

点击平面 ▱ 绘制基准面 DTM5，选中 TOP面向下偏移至电话机底面，如图 69所示。

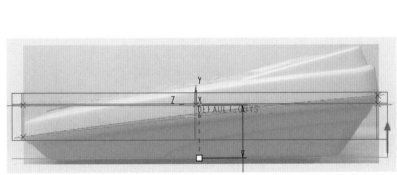

图 69

步骤 *17*

点击 RIGHT面，选择草绘 ◠，绘制一条与底面同长度的直线段，即草绘 7，如图 70所示。

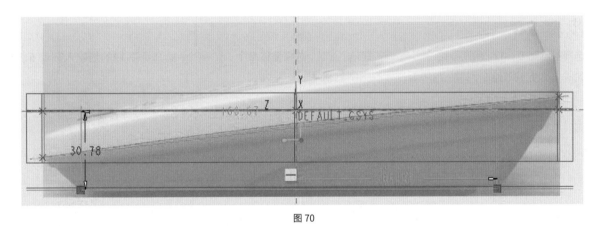

图 70

步骤 *18*

建立基准点 点，以直线的两端作基准点 PNT10、PNT11，如图 71所示。

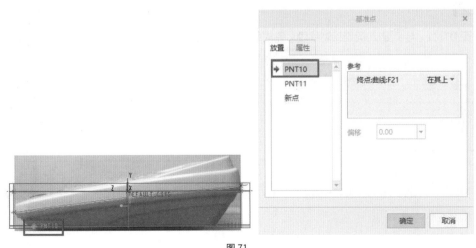

图 71

步骤 **19**

选择基准面 DTM5，创建草绘 ，画一个尺寸如下的矩形，即草绘 8（下右图），二个圆角分别为 R11.8 和 R17.84，上下过 PNT10 和 PNT11，左右对称，如图 72 所示。

 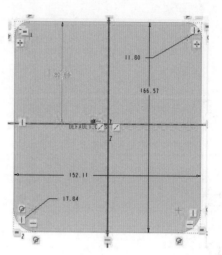

图 72

步骤 **20**

选择基准面 DTM2，绘制草绘 ，转正视角 ，选择偏移命令 偏移 ，选择步骤 12 的线输入数值 5，点击完成 ，即完成草绘 9，如图 73 所示。

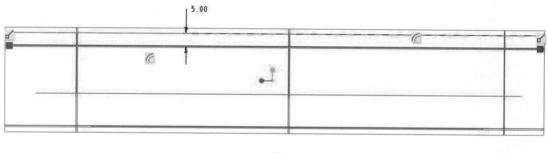

图 73

步骤 **21**

选择基准面 DTM1，与步骤 20 同理绘制线段，完成草绘 10，如图 74 所示。

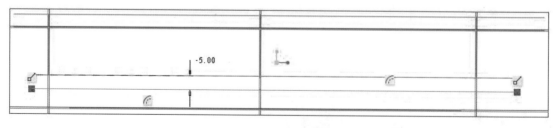

图 74

🔖 步骤 **22**

选择基准点 ⚙️ 点，通过偏移得到的两条线段与 DTM3和 DTM4相交得到四个基准点 PNT12 ～ PNT15，如图 75
所示。

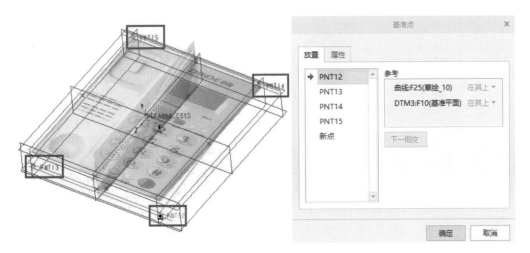

图 75

🔖 步骤 **23**

选择基准面 DTM3，绘制草绘 🖊️ ，过上一步中右侧两参考点，沿灰色曲线绘制样条曲线即草绘 11，如图 76所示。

图 76

🔖 步骤 **24**

同理绘制左侧样条曲线即草绘 12，如图 77所示。

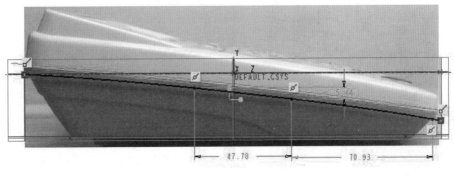

图 77

步骤 25

选择边界混合命令 　　，选择偏移前后的两条线，点击确定完成，如图 78所示。

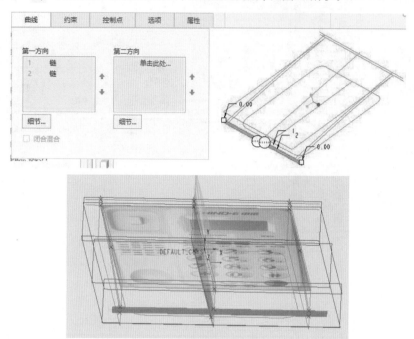

图 78

步骤 26

与上一步同理，完成其他三个边界混合面，如图 79所示。

图 79

步骤 27

选中两个相交的面，点击合并命令 　合并，点击 ✓ 完成，如图 80所示。

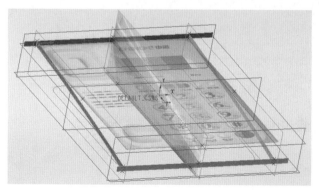 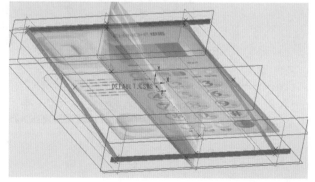

图 80

步骤 *28*

与上一步同理，完成其他三个边，如图 81所示 。

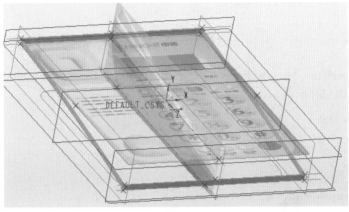

图 81

步骤 *29*

点击填充 ⬚填充 ，选择底面的圆角矩形， ☑ 完成，如图 82所示 。

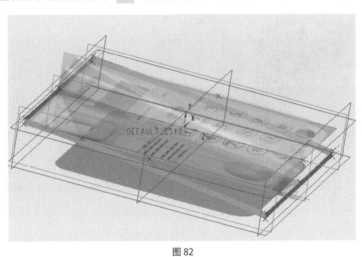

图 82

步骤 *30*

选择边界混合命令 ⬦ ，选择四条边， ☑ 完成，如图 83所示。

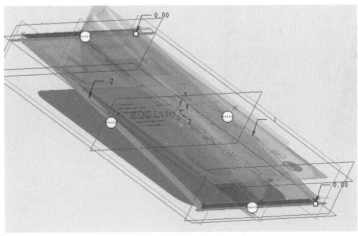

图 83

步骤 31

选中两个面合并，如图84所示。

步骤 32

选择基准面 DTM5，绘制草绘 ✎ ，绘制一个略小于外面矩形的矩形 160.58mm x 200.54mm，倒圆角 R10.6和 R17.5，即草绘 13，如图 85所示。

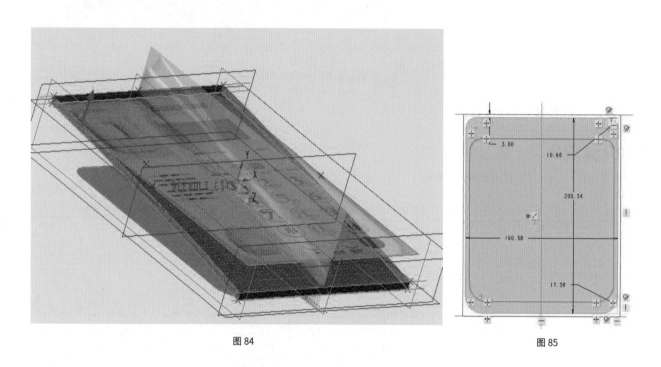

图 84   图 85

步骤 33

选择投影 ⤳ 投影 ，选择曲线、曲面， ✓ 完成，如图 86所示。

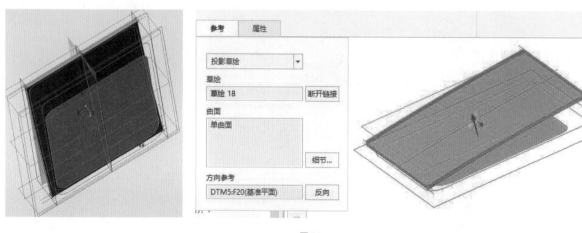

图 86

步骤 34

选择边界混合命令 ，选择投影的曲线和底面的边界曲线，点击控制点设置对应点， ✔ 完成，如图87所示。

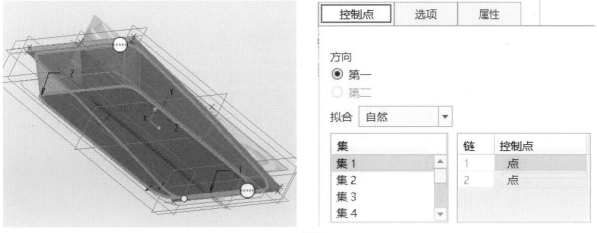

图87

步骤 35

选择 RIGHT视图，绘制一条直线与上倾斜轮廓重合，即草绘19、草绘14，如图88所示。

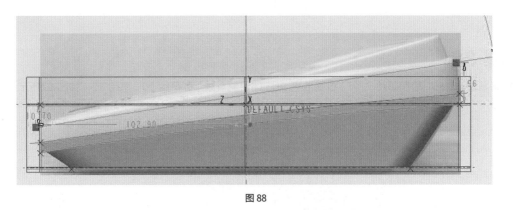

图88

步骤 36

建立基准面 DTM6，如图89所示。

图89

步骤 37

建立基准点 ⁑ 点 PNT16、PNT17，如图90所示。

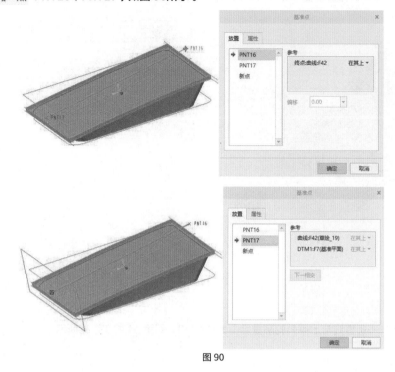

图 90

步骤 38

选择基准面 DTM6，绘制草绘 ∿ ，过基准点 PNT16绘制直线，即草绘 20、草绘 15，如图91所示。

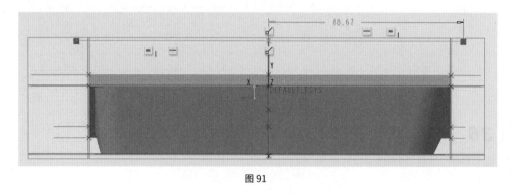

图 91

步骤 39

选择 DTM1，绘制草绘 ∿ ，过基准点 PNT17绘制直线，即草绘 21、草绘 16，如图92所示。

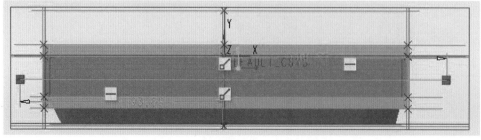

图 92

步骤 40

建立基准点 ✕✕点　PNT18 ～ PNT22，如图 93所示。

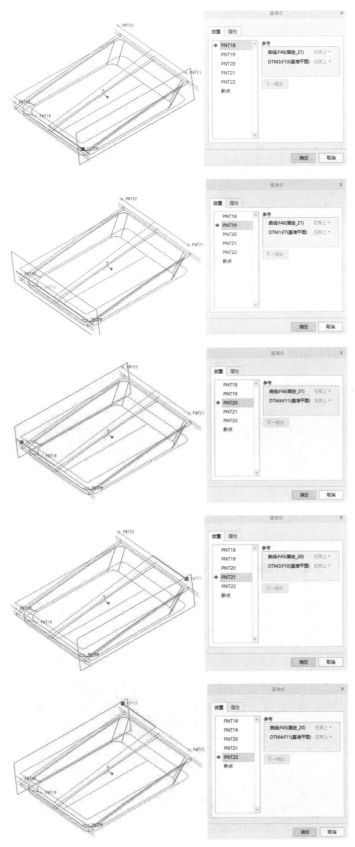

图 93

步骤 41

选择基准面 DTM3，沿白色绘制样条曲线，即草绘 17，如图 94 所示。

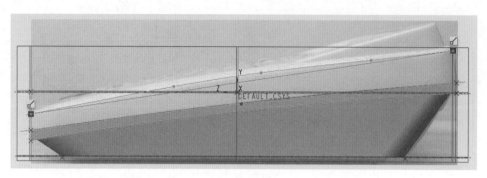

图 94

步骤 42

选择基准面 DTM4，绘制草绘 ，即草绘 18，方法与上一步骤同理，如图 95 所示。

图 95

步骤 43

选择边界混合命令 ，选择两条曲线， 完成，如图 96 所示。

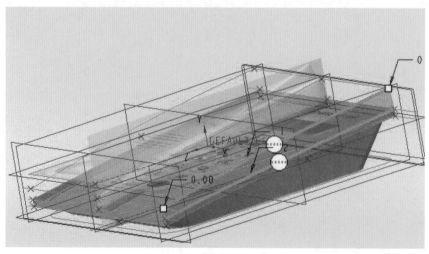

图 96

步骤 *44*

与上一步同理，完成其他三个面，如图97所示。

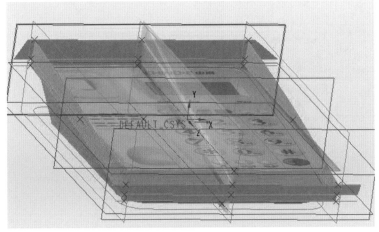

图97

步骤 *45*

选择图示两个面合并编辑，点击合并命令 🔲合并 ，如图98所示。

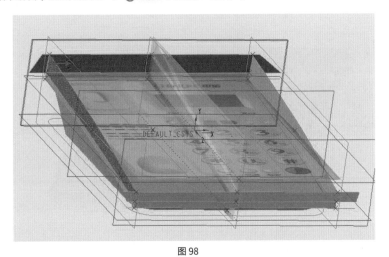

图98

步骤 *46*

同理，完成其他三个边合并，如图99所示。

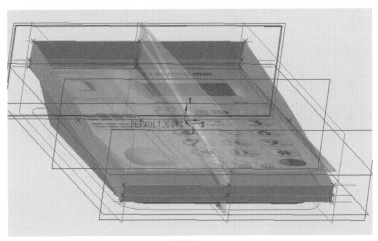

图99

步骤 47

选择边界混合命令 ⬚ ，选取图示四条边，如图 100所示。

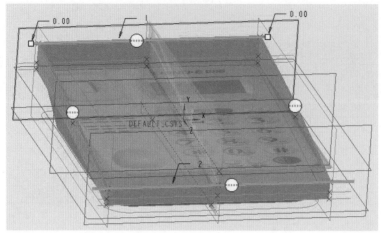

图 100

步骤 48

选择合并命令 ⬚ 合并 ，合并图示曲面，如图 101所示 。

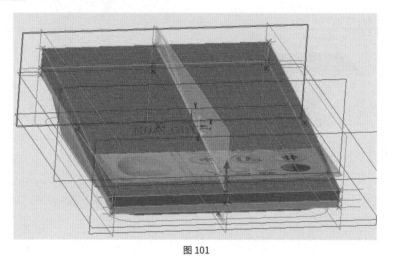

图 101

步骤 49

建立基准面 DTM7，选中 TOP面，平移距离 28.8mm，如图 102所示。

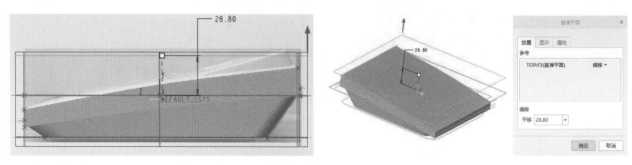

图 102

步骤 *50*

选择 视图 ， 模型显示▼ ，选择"图片"选项，点击图片，选择 ↔ 垂直移动 ，将图片移动到模型外面，如图103所示。

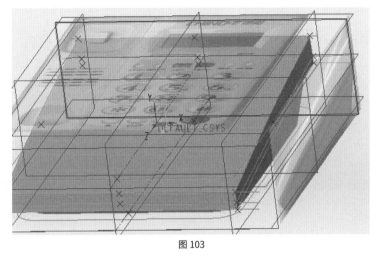

图 103

步骤 *51*

选择 模型 ，选择基准面 DTM7 ，用草绘 ～ 绘制图示一直线，即草绘 19 ，如图 104所示。

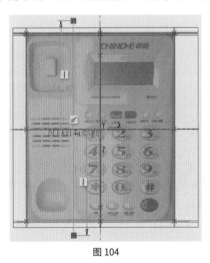

图 104

步骤 *52*

选择 🖉 投影 ，将上面直线投影到下方曲面上，如图 105所示。

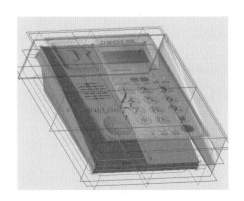

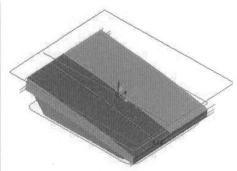

图 105

步骤 53

选择基准面 DTM1，绘制草绘 ，即草绘 20，如图 106所示。

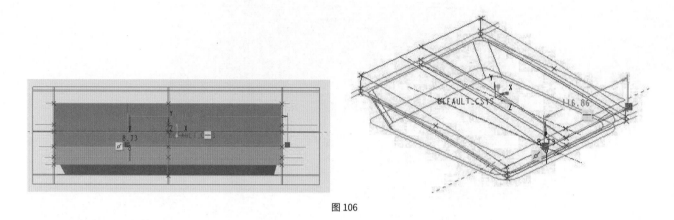

图 106

步骤 54

选择基准面 DTM6，绘制草绘 ，即草绘 21，如图 107所示。

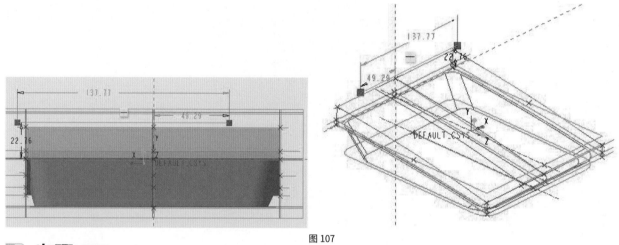

图 107

步骤 55

选择建立基准面 DTM9，用 DTM3和所的投影曲线定位，如图 108所示。

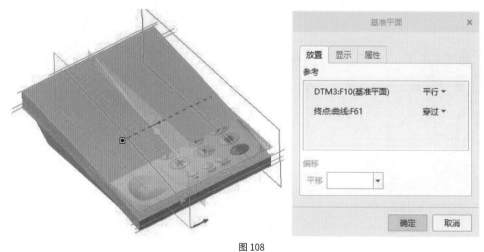

图 108

步骤 56

建立基准点 点 PNT23，如图 109所示。

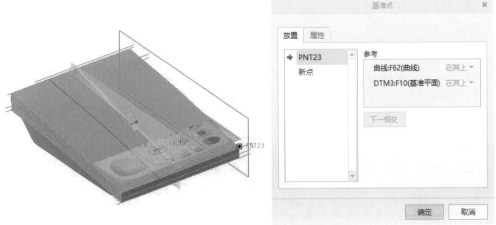

图 109

步骤 57

同理，建立其他三个基准点 PNT24、PNT25、PNT26，如图 110所示。

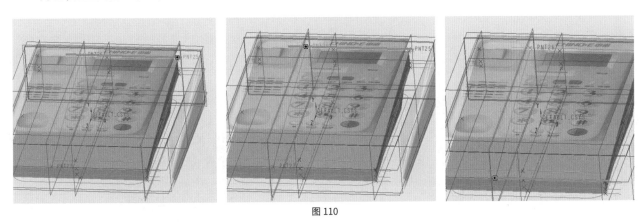

图 110

步骤 58

选择基准面 DTM9，绘制草绘 ，沿白色绘制样条曲线，即草绘 22，如图 111所示。

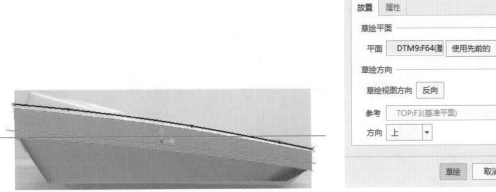

图 111

步骤 **59**

选择基准面 DTM3，同理，沿白色绘制样条曲线，即草绘 23，如图 112所示。

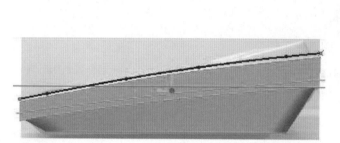

图 112

步骤 **60**

选择边界混合命令 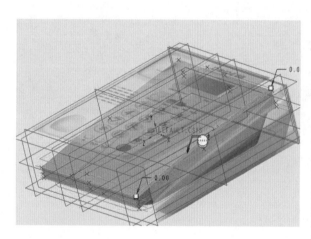，如图 113所示。

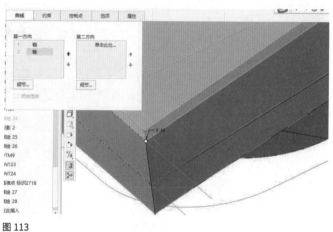

图 113

步骤 **61**

同理，补全其他三个面，如图 114所示。

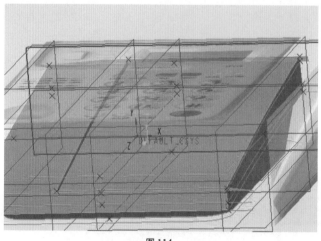

图 114

🔲 步骤 62

对上面四个边界混合面进行逐一合并 ⬚ 合并 ，如图115所示。

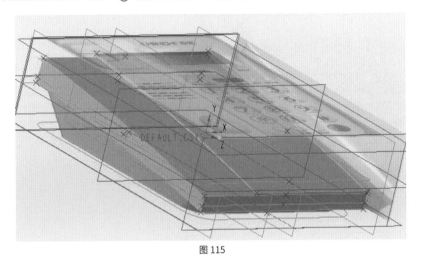

图 115

🔲 步骤 63

创建基准面 ▱ ，DTM3向左平移58mm，得到DTM10，如图116所示。

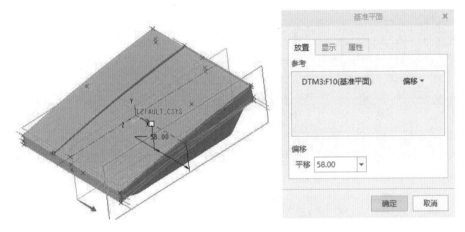

图 116

🔲 步骤 64

建立基准点 ✹✹ 点 PNT28 、PNT29，如图117所示。

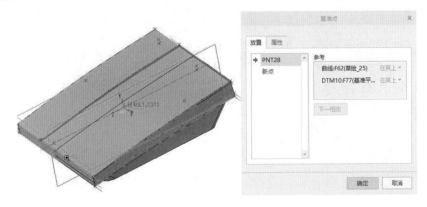

图 117(一)

125

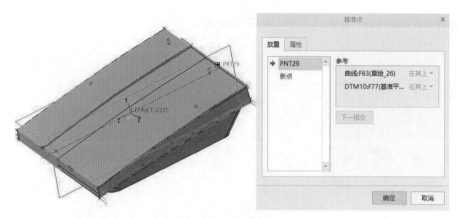

图 117(二)

步骤 65

选择样式命令 🔲 样式 ，设置基准面 ◢ ，选择DTM10， 🗗 转正平面，绘制平面曲线 〜 ，曲线两端过上一步的两个基准点，如图118所示。

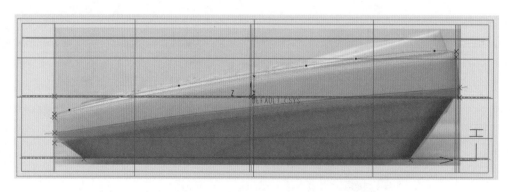

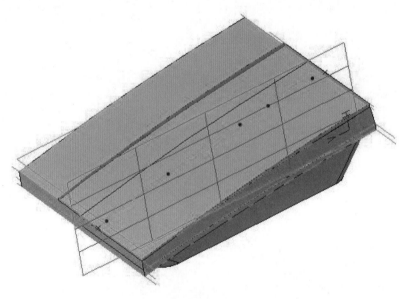

图 118

步骤 66

建立基准点 ⚹⚹点 PNT30、PNT31，如图119所示。

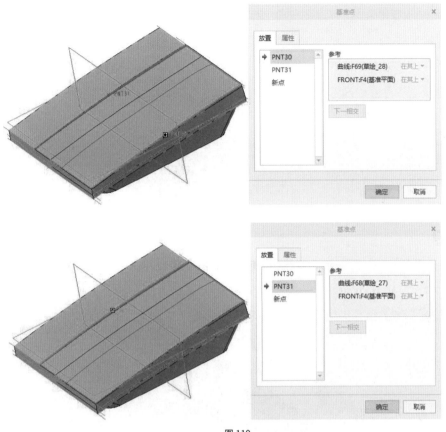

图 119

步骤 67

选择样式命令 📖样式 ，设置基准面 ▱ ，选择FRONT面， 🗇 转正平面，绘制平面曲线 〜 ，曲线两端过上一步的基准点PNT30、PNT31，如图120所示。

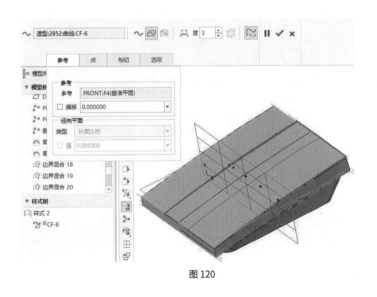

图 120

步骤 *68*

选择边界混合命令 ⬚ ，如图121所示。

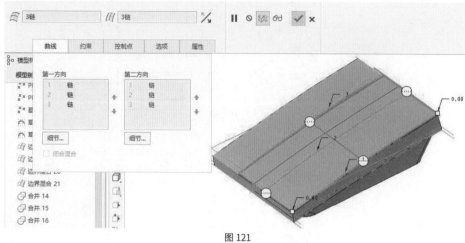

图 121

步骤 *69*

选中两个面，点击合并命令 ⬚ 合并 ，将上方的面进行合并，如图122所示。

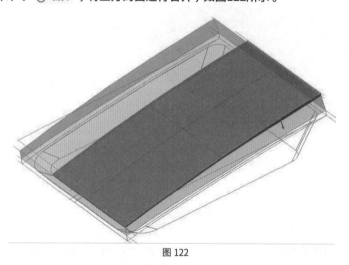

图 122

步骤 *70*

选择倒角 ⬚ 倒角 ▾ ，下方的圆角为17.5mm，上方的圆角为10.6mm，如图123所示。

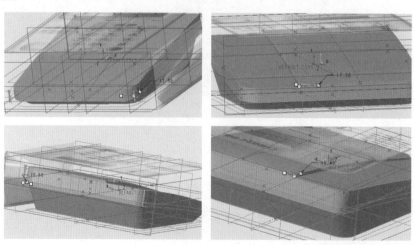

图 123

步骤 71

建立基准面 ☐ DTM11，DTM3向右平移51.8mm，如图124所示。

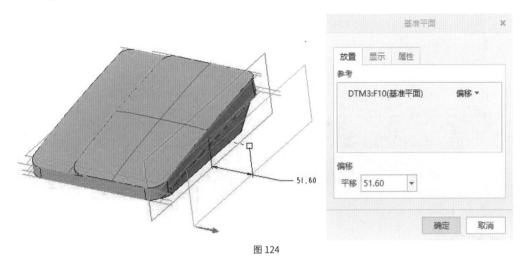

图 124

步骤 72

点击DTM11，按图片绘制草绘 ⟳ ，即草绘24，尺寸如图125所示。

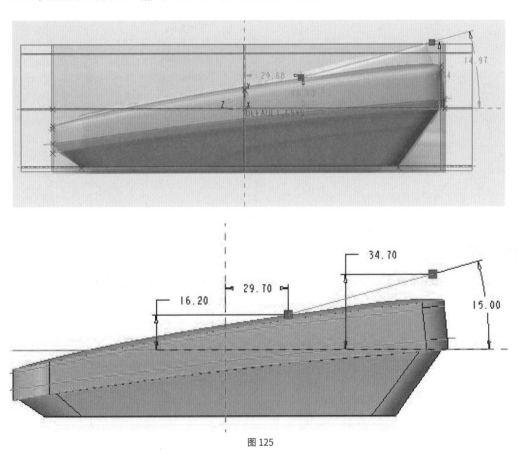

图 125

步骤 73

选择DTM3，绘制草绘 ，点击投影 投影，选择上一步绘制的直线，即草绘25，如图126所示。

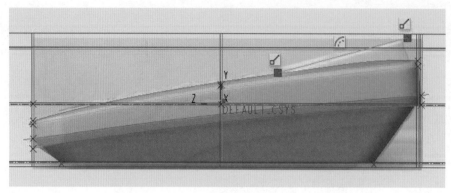

图126

步骤 74

建立基准面DTM12 ，选择前面绘制的两条直线作为参考，如图127所示。

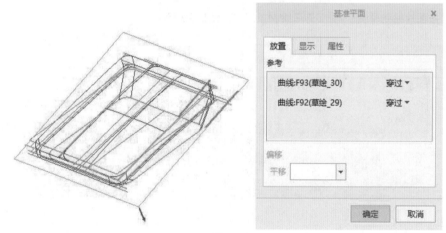

图127

步骤 75

选择基准面DTM7，绘制草绘 ，建立一个左右对称矩形，即草绘26，尺寸如图128所示。

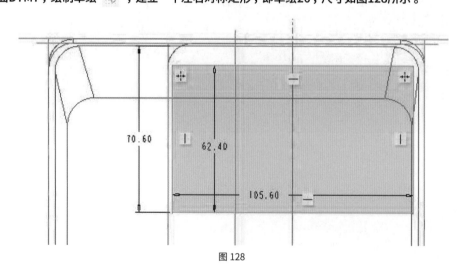

图128

步骤 76

选择DTM12，绘制草绘 ⚏ ，选择投影 ▢ 投影 ，投影上一步的矩形，即草绘27，如图129所示。

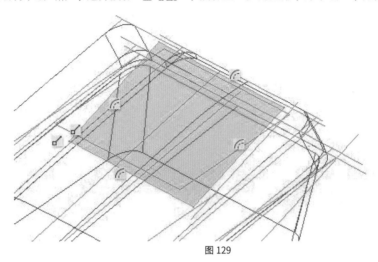

图 129

步骤 77

选择草绘27，点击拉伸命令 ⬚ ，设置方向，厚度为14.9mm，如图130所示 。

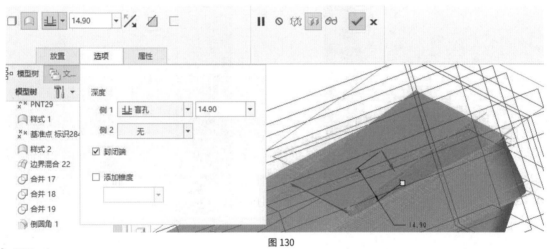

图 130

步骤 78

选择倒角 ◺ 倒角 ▾ ，上方圆角为10mm，下方圆角为2.8mm，如图131所示 。

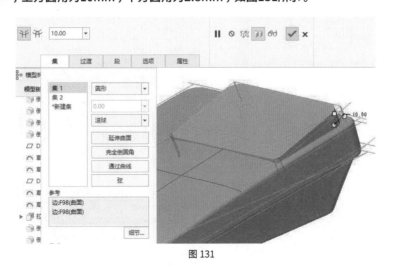

图 131

其他一些倒圆角操作在此不一一赘述。至此，电话机的基座部分master建模完成，如图132所示。

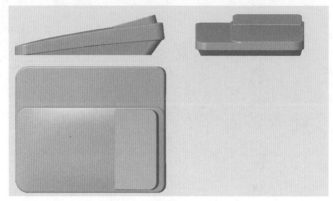

图 132

3.2.1.2 电话机听筒master步骤

电话机听筒如图 133所示。

右视图   主视图

图 133

步骤 01

打开 Creo ▶ 设置工作目录 ▶ 新建 ▶ 取消使用默认模板 ▶ 选择尺寸单位 ▶ 确定，如图 134 所示。

▶

图 134

步骤 *02*

建立新基准面 ▱ ，选择RIGHT面沿X轴平移144.9mm得到DTM15，如图135所示。

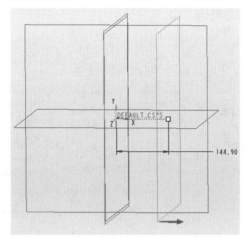

（说明：由于电话听筒master是接在机座master后面做得，且二者要装在一起，故而基准面等名称不重复，编号延续DTM15，而不是DTM1。）

图 135

步骤 *03*

选择刚才新建的基准面DTM15，绘制草绘 ⚬ 听筒角度斜线，如图136所示。

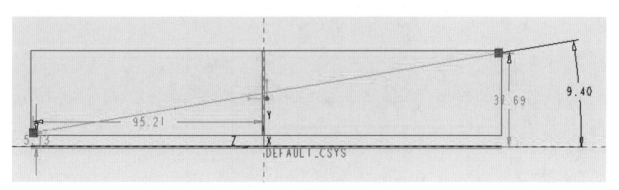

图 136

步骤 *04*

建立基准点 点 PNT32、PNT33，选择直线的两个端点，如图137所示。

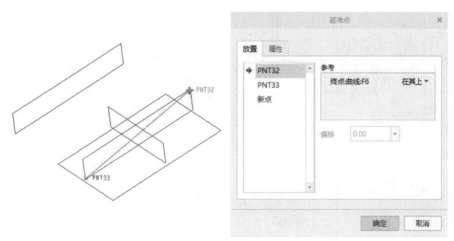

图 137

步骤 05

选择视图栏 视图 ▶ 选择 模型显示▾ ▶ 选择"图像"选项 ▶ 点击 🖼 ▶ 选择DTM15 ▶ 导入图片
调整图片两端与基准点重合，如图138所示。

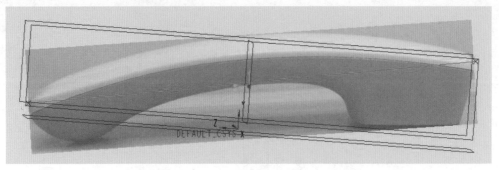

图 138

步骤 06

选择TOP视图，绘制草绘 ～ 直线段，如图139所示。

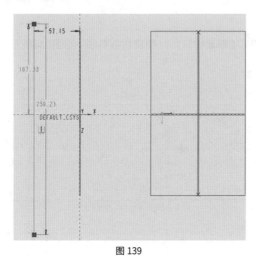

图 139

步骤 07

建立基准面DTM16 ▱ ，以上面的直线与RIGHT做参考，如图140所示。

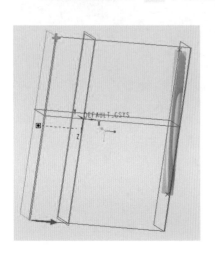
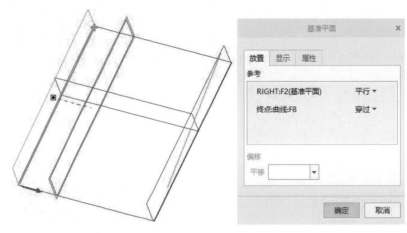

图 140

步骤 *08*

选择基准面DTM16，绘制草绘 🐛 ，选择样条 〜样条 ，绘制3样条曲线，选择 〜线 ▾ ，绘制4条直线（打圈为直线），完成外形轮廓，如图141所示。

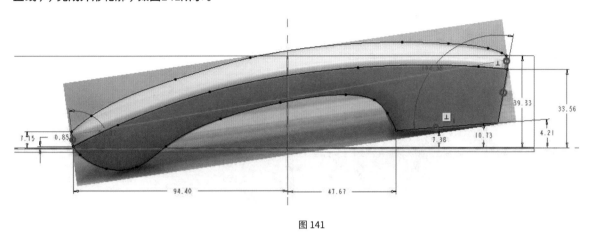

图 141

步骤 *09*

选择拉伸命令 🔳 ，点击样式命令 🔲样式 拉伸为曲面， ，点击定义，选择基准面DTM16进入草绘界面，选择投影 □ 投影 分模线， ✓ 完成，双向拉伸90mm， ✓ 完成，如图142所示。

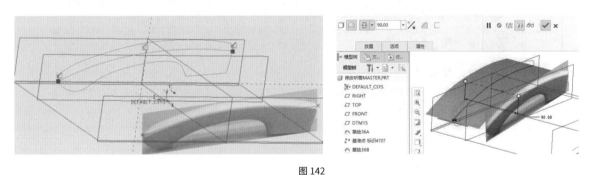

图 142

步骤 *10*

建立基准点 ※※点 PNT34、PNT35，拉伸出的边缘与DTM16面交点，如图143所示。

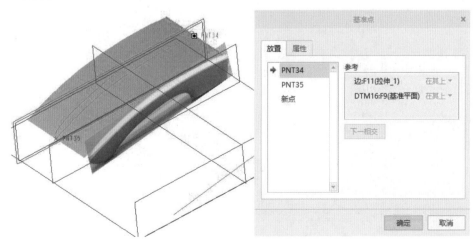

图 143

🏷 步骤 *11*

选择视图栏 视图 ▶ 选择 模型显示▾ ▶ 选择"图像"选项 ▶ 点击 📁 ▶ 选择TOP ▶ 导入图片 ▶ 调整图片两端与基准点重合，选择 ↔ 垂直移动 ，将图片移到模型上方，如图144所示。

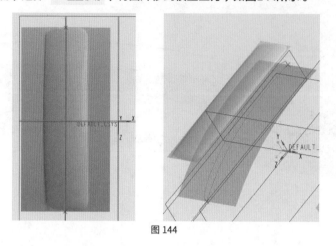

图 144

🏷 步骤 *12*

选择TOP视图，绘制草绘 〰️ ，沿话筒边缘绘制直线，倒圆角，如图145所示。

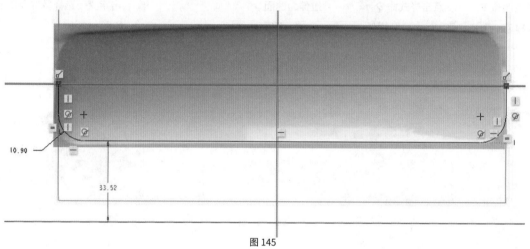

图 145

🏷 步骤 *13*

选择上一步的曲线，选择拉伸命令 📦 ，深度如图146所示。

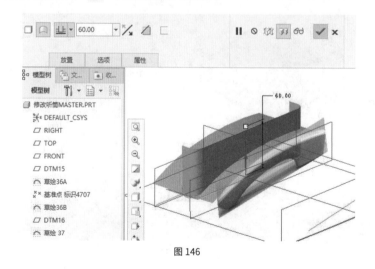

图 146

步骤 *14*

选中拉伸的两个平面，选择 🔲相交 ，如图147所示。

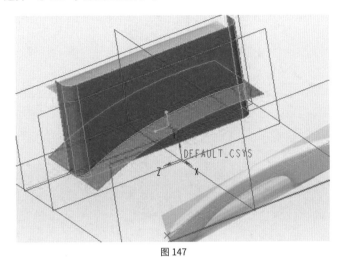

图 147

步骤 *15*

选择两个拉伸的面，选择"眼睛"进行隐藏。

步骤 *16*

选择 🖉扫描混合 ，进入扫描混合界面，选择样式命令 🗩样式 生成面，点击相交所得的曲线，点击"截面"截面 选择"选定截面" ⦿ 选定截面 ，点击 插入 ，按住Ctrl同时右击短直线，接着左击短直线选中（此过程Ctrl键不要松开），再次点击 插入 ，同样选中另一条短直线，调整两短直线的方向统一， ✔ 完成，如图148所示。

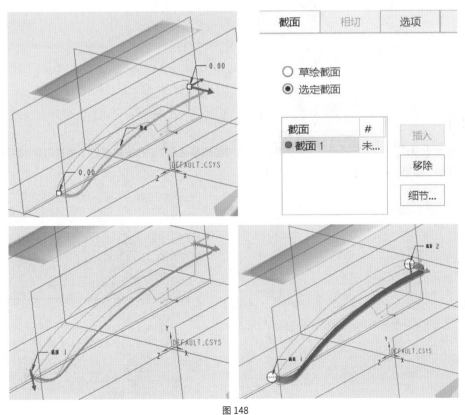

图 148

步骤 *17*

选择TOP视图，绘制草绘 〰 ，如图149所示。

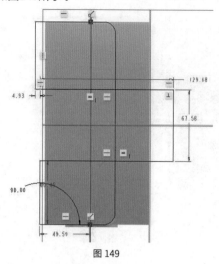

图 149

步骤 *18*

新建基准面DTM17 ▱ ，以DTM16（这里约束为法向）和一条短直线作为参考，如图150所示。

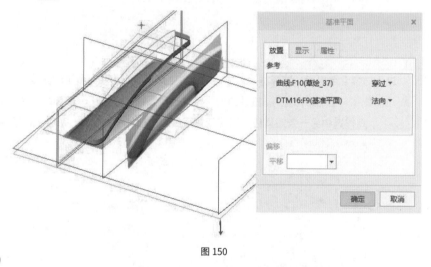

图 150

步骤 *19*

选择DTM17，绘制草绘 〰 ，选择点 ✕ 点 （在草绘内部加基准点），选择短直线（曲线F10）的两端点，过两端点绘制圆角矩形，即草绘43，如图151所示。

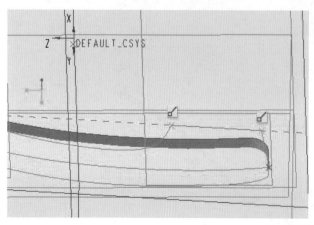
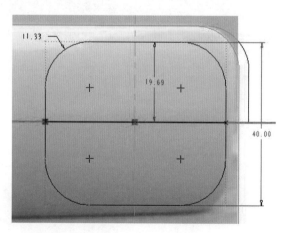

图 151

步骤 20

选择DTM16，绘制草绘 ⬡ ，绘制一直线（位置不需要与案例完全相同），如图152所示。

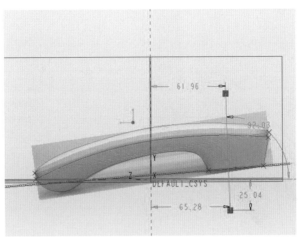

图 152

步骤 21

选中上一步的直线，选择拉伸命令 ⬡ ， ⬡ 🔲▾ 99.93 ▾ 。

步骤 22

选择TOP视图，绘制草绘 ⬡ ，折线形状大概如图153所示。

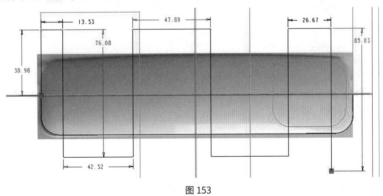

图 153

步骤 23

选择上一步的草绘，选择拉伸命令 ⬡ ， ⬡ 🔲▾ 56.90 ▾ ，如图154所示。

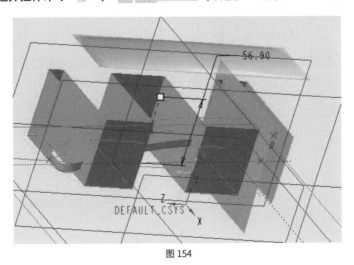

图 154

步骤 24

建立基准点 ✕✕点 ，（最上方的曲线、相交得到的曲线与5个面相交得到10个点），即PNT42～PNT51，如图155所示。

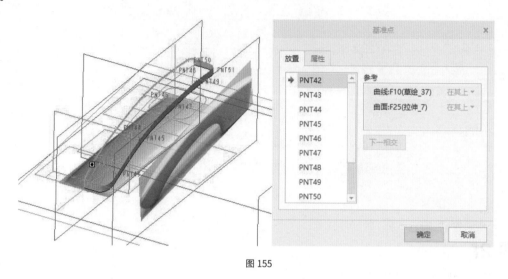

图 155

步骤 25

选择五个平面中的一个，绘制草绘 ，选择弧 弧 ，过两个基准点绘制圆弧，即草绘50，约束左端与中轴线垂直，如图156所示。

步骤 26

同理草绘绘制其他四条线，如图157所示。

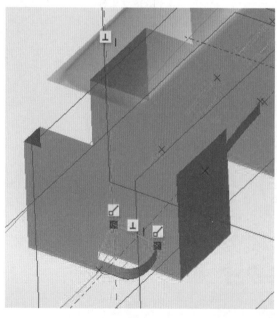

图 156

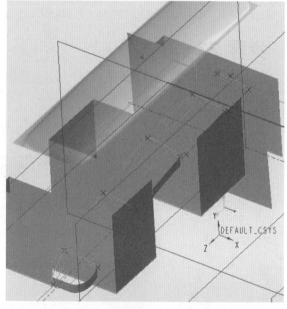

图 157

步骤 **27**

选中以上五条曲线，选择镜像命令 ⟦⟧ 镜像 ，以DTM16为对称轴，如图158所示。

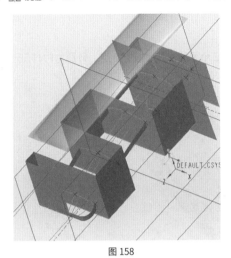

图 158

步骤 **28**

选择RIGHT面绘制草绘 ⟲ ，绘制折线如图159所示。

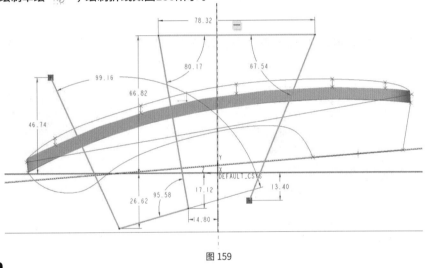

图 159

步骤 **29**

选择上一步的折线，选择拉伸命令 ◰ ，点击样式命令 ⬠样式 ，即拉伸9，深度如图160所示。

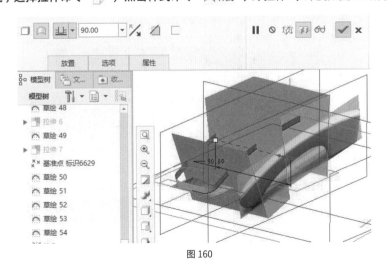

图 160

步骤 30

选择拉伸命令 拉伸6、7，进行隐藏。

步骤 31

建立基准点 点，即两条曲线与三个面相交得到6个交点，分别为PNT56～PNT61，如图161所示。

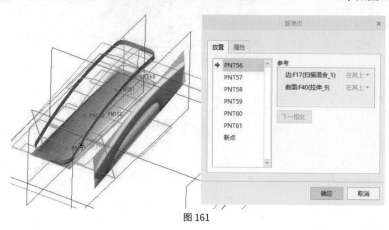

图 161

步骤 32

选择三个曲面中的一个，绘制草绘 ，过两个基准点画样条曲线 样条，约束左端与中轴线垂直，草绘如图162所示。

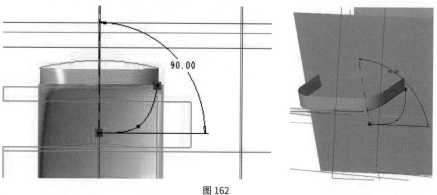

图 162

步骤 33

同理在拉伸其他基准面上绘制曲线（即源文件上的草绘60和草绘61），如图163所示。

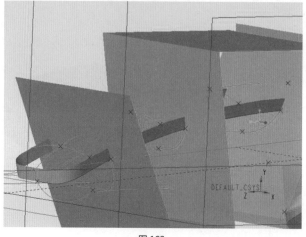

图 163

步骤 34

将所得的三条曲线镜像 ⅠⅠ镜像 ，以基准面DTM16为对称轴，如图164所示。

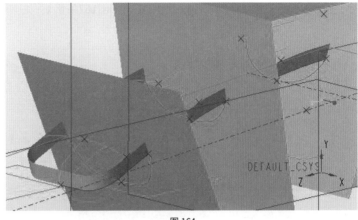

图 164

步骤 35

将拉伸9隐藏。

步骤 36

选择边界混合命令 ，创建曲面（即源文件上的边界混合曲面26），如图165所示。

（提示：按住Shift拖动红框内的点可以调节选中线段的长度。）

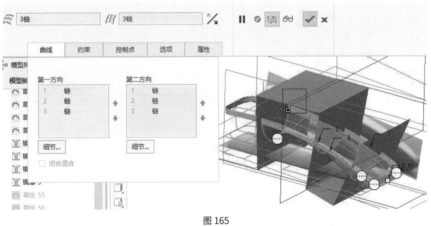

图 165

步骤 37

选择边界混合命令 ，创建曲面，即边界混合曲面27，如图166所示。

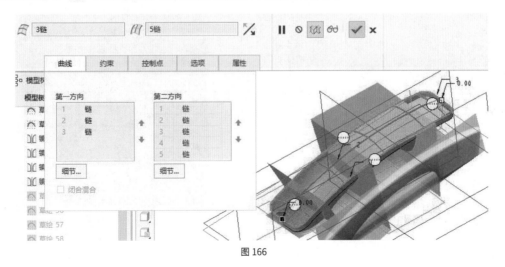

图 166

步骤 *38*

创建基准点 ᵡᵡ 点 ，即PNT62、PNT63，如图167所示。

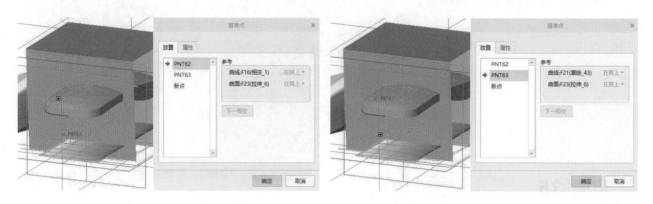

图 167

步骤 *39*

选择拉伸6的面，创建草绘 ，连接两个基准点PNT62和PNT63，如图168所示。

步骤 *40*

创建边界混合曲面28 ，即如图169所示。

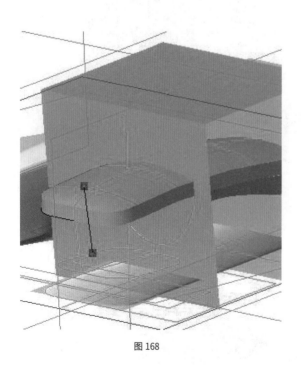

图 168

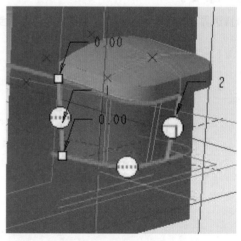

图 169

步骤 *41*

选择 基准▼ "曲线""通过点的曲线",选择两个参考点,右键长按约束条件,选择相切,选择相切的曲线,即模型中的"曲线1",如图170所示。

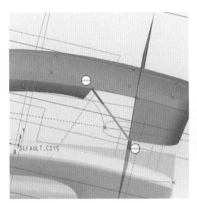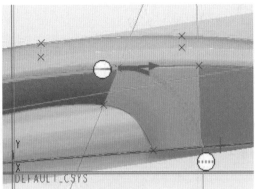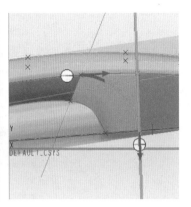

图 170

步骤 *42*

建立边界混合命令 ，如图171所示。

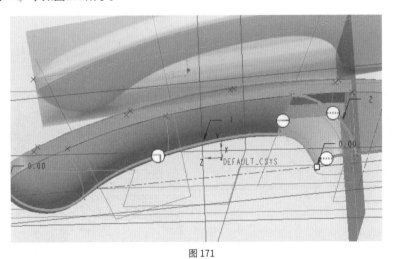

图 171

步骤 *43*

选择基准面DTM2,绘制草绘 ，如图172所示。

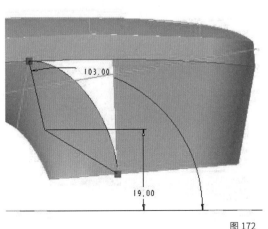

图 172

步骤 44

选择上一步的草绘，选择拉伸命令 ，选择曲面拉伸35mm、移去材料，如图173所示。

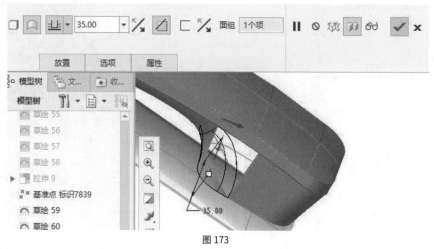

图 173

步骤 45

建立边界混合命令 ，即边界混合曲面30（补面是曲面建模中常用的方法，目的是提高曲面质量），约束设置如图174所示。

图 174

步骤 46

选择三个面，选择合并命令 合并，如图175所示。

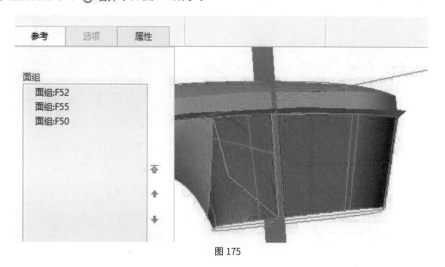

图 175

步骤 *47*

选择镜像命令 ⬚⬚ 镜像 ，以DTM16为对称轴，如图176所示。

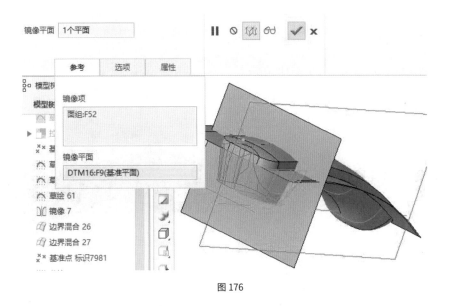

图 176

步骤 *48*

选择填充 ⬚ 填充 ，选择底面的圆角矩形，如图177所示。

步骤 *49*

选择合并命令 ⬚ 合并 ，如图178所示。

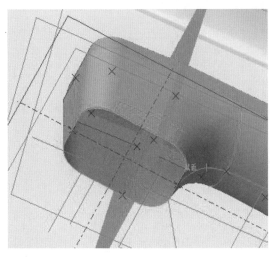

图 177

图 178

步骤 50

选择 ⟨倒圆角 ▾⟩，半径R1.5，如图179所示。

步骤 51

选中两个面，点击合并命令 ⟨合并⟩，如图180所示。

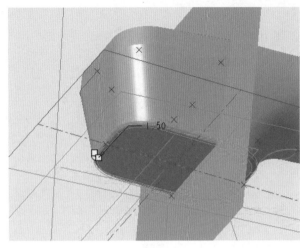

图 179

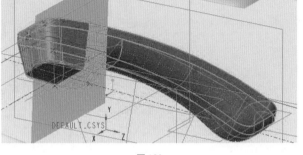

图 180

至此，电话机话筒master建模完成，如图181所示。

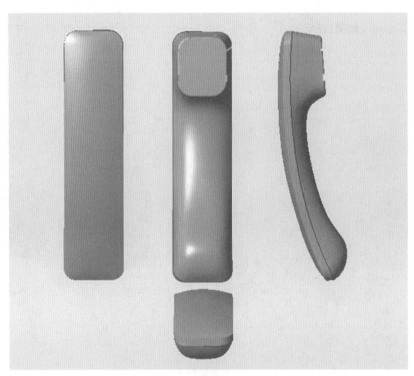

图 181

3.2.2　零件与装配体展示

台式电话机部分零件与装配体和分解图如图182所示。

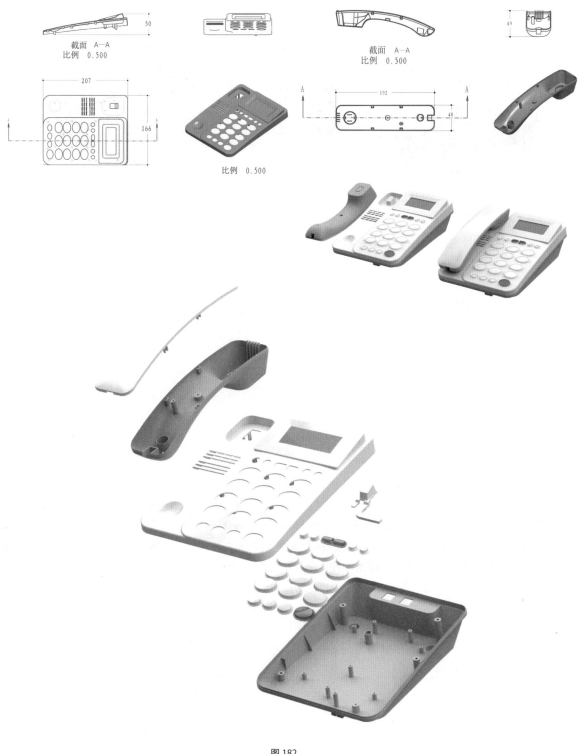

截面　A—A
比例　0.500

截面　A—A
比例　0.500

比例　0.500

图 182

本案例建模源文件下载路径：\ https://www.xingshuiyun.com\ Creo 6.0产品
造型设计与实例:微课视频版\ 数字资源\拓展资料\ 3.2台式电话机源文件

3.3 车载空气净化器设计

3.3.1 master建模步骤

车载空气净化器如图183所示。

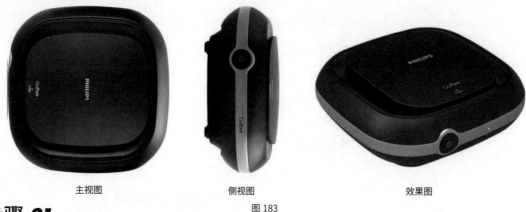

主视图   侧视图   效果图

图 183

步骤 01

启动Creo，新建骨架文件master，不使用默认模板，选择mmns_part_solid，如图184所示。

微课视频

案例介绍

图 184

进入零件界面以后，点击模型选项里的样式命令 ▶ 然后点击视图 ▶ 点击模型显示 ▶ 点击图像 ▶ 点击导入 ▶ 根据图片需要摆放的位置（主视图，侧视图等）选择基准面 ▶ 选择图片 ▶ 调整图片大小，大小调整到 ▶ 重新点击导入，换个基准面插入你所需要的图片 ▶ 确定完成图片插入，如图185所示 。

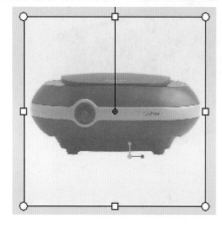

图 185

步骤 02

新建基准面DTM1，点击 ▱ ，选TOP面 ▶ 向上平移45mm，如图186所示。

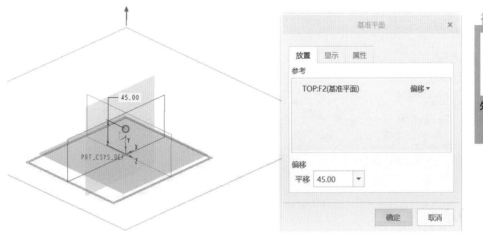

微课视频

外壳造型建模
与上盖曲面
建模

图 186

选择DTM1面 ▶ 点击工具栏草绘 ✎ ，草绘尺寸如下图（根据实物外形轮廓曲线），即生成草绘1，完成后按确定，如图187所示。

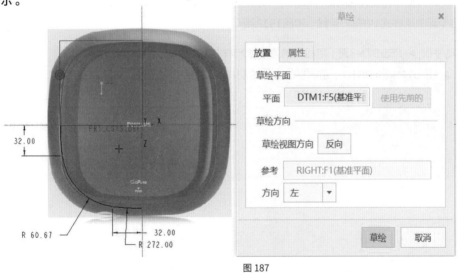

图 187

步骤 03

使用同样的方法新建平面DTM2（距DTM1面16），并以DTM2为草绘面，草绘上壳的外形轮廓曲线，即生成草绘2，如图188所示 。

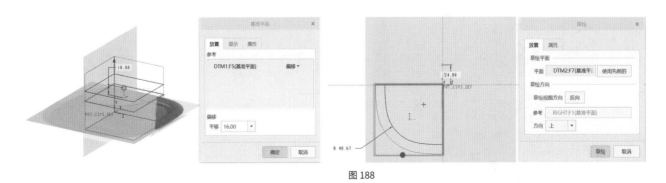

图 188

新建基准面DTM3、DTM4分别距FRONT、RIGHT面各32mm，如图189所示。

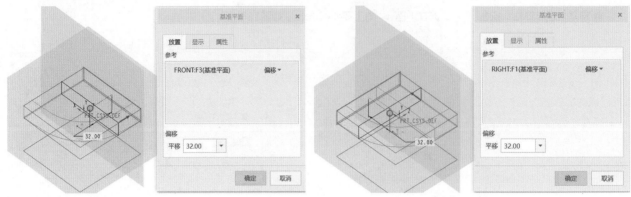

图 189

步骤 *04*

绘制纵向样式线，点击样式命令 ⬜样式 ▶ 设置活动平面 ▶ 点击RIGHT面 ▶ 点击"曲线" ▶ 点击创建平面曲线 ▶ 活动平面上任点两点 ▶ 确定，如图190所示。

点击曲线编辑 ▶ 分别拖动曲线控制点并按住Shift自动锁取草绘1与草绘2 ▶ 点击曲线控制点，拖动曲线控制杆调整成曲线 ▶ 确定，即生成样式1中第一条线，如图191所示。

点击设置活动平面 ▶ 点击DTM3面，用相同的方法绘制样式1的第2条线。
分别设置活动平面DTM4和FRONT，用同样的方法绘制样式1的第3、4条线，如图192所示。

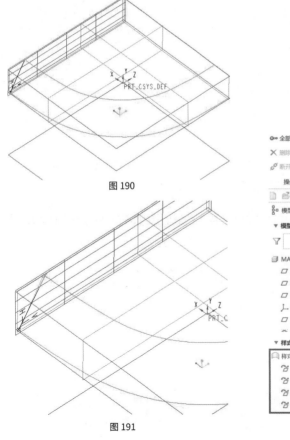

图 190

图 191

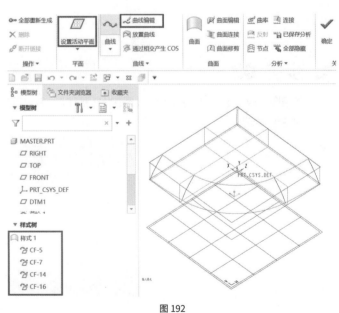

图 192

步骤 05

创建边界混合曲面，点击工具栏边界混合命令 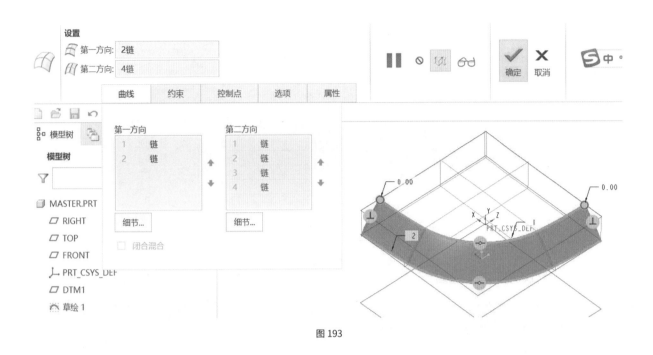 ▶ 依次选取同方向曲线 ▶ 点击约束，将纵向曲线边界调节类型改为垂直 ▶ 确定，即生成边界混合1，如图193所示。

图 193

步骤 06

绘制中间曲面，新建基准面DTM5距DTM1面12，选择DTM5面，点击工具栏的草绘 ▶ 点击投影 投影 ▶ 点击曲线"草绘1" ▶ 确定，即生成草绘3，如图194所示。

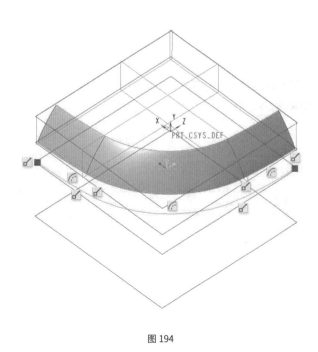

图 194

点击样式命令 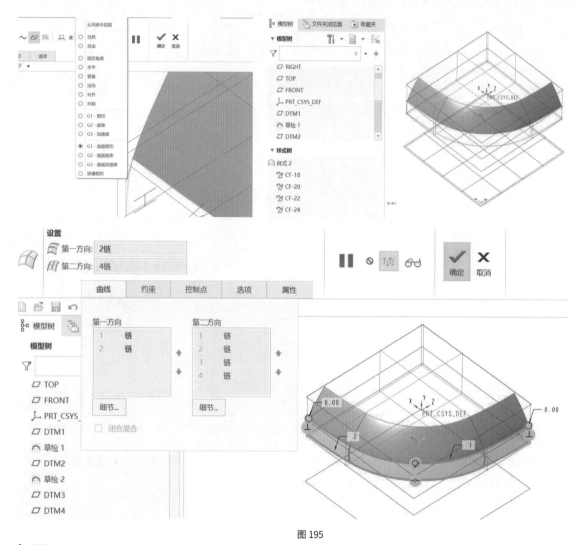 ，依次以RIGHT、DTM4、DTM3、FRONT面为活动平面，绘制"样式 2"曲线，并建立边界混合2，如图195所示。

（注意：绘制样式2曲线时需注意右击长按曲线控制杆，使样式线相切于曲面1。）

图 195

步骤 07

绘制下曲面，新建基准面DTM6距TOP面16，选择DTM6面，单击草绘 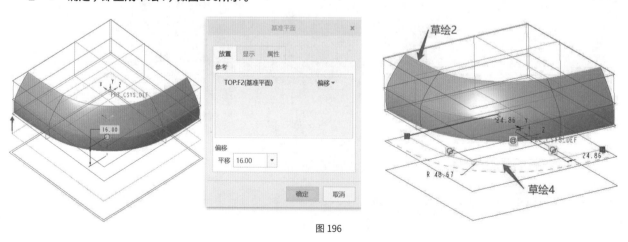 ▶ 点击投影 投影 ▶ 点击曲线"草绘2" ▶ 确定，即生成草绘4，如图196所示。

图 196

点击边界混合命令 ，依次以RIGHT、DTM4、DTM3、FRONT面为活动平面，绘制 ⬚样式 样式3，如图197所示。

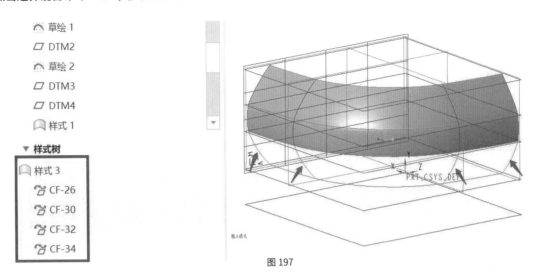

图 197

点击边界混合命令 ，绘制边界混合3（注意相切约束条件如下图）▶ 确定，如图198所示。

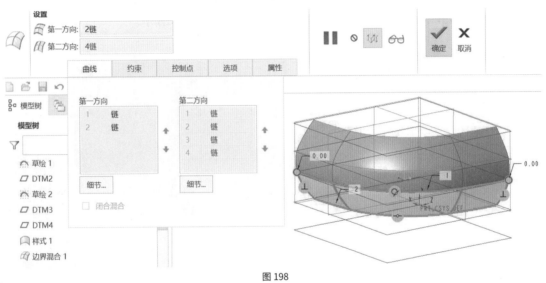

图 198

步骤 08

创建整个轮廓形状，选取边界混合1、边界混合2、边界混合3 ▶ 点击工具栏镜像命令 ▯▮镜像 ▶ 点击RIGHT面 ▶ 确定，如图199所示。

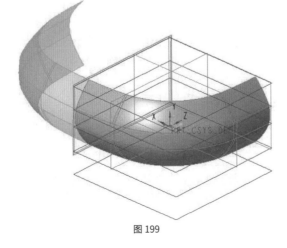

图 199

重复镜像操作，得到外观整体造型，如图200所示。

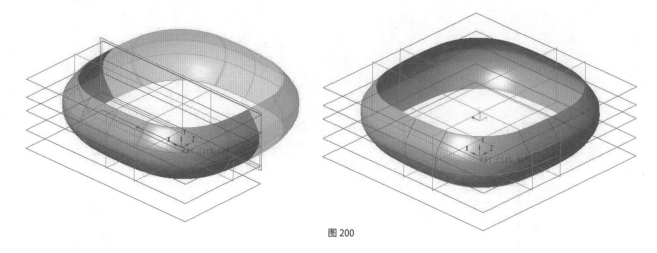

图 200

步骤 09

绘制上盖参考线。点击草绘 ⚙ ，选基准面DTM2为草绘平面 ▶ 投影 ☐ 投影 ▶ 点击曲线草绘2 ▶ 点击工具栏
⚙ 偏移 ，向内偏移0.1mm。并删除投影曲线 ▶ 确定，即生成草绘5，如图201所示。

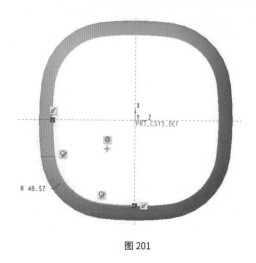

图 201

点击草绘 ⚙ ，选基准面DTM2为草绘平面 ▶ 投影 ☐ 投影 ▶ 点击曲线草绘2 ▶ 点击工具栏偏移 ⚙ 偏移 ，向内偏
移3mm，并删除投影曲线 ▶ 确定，即生成草绘6，如图202所示。

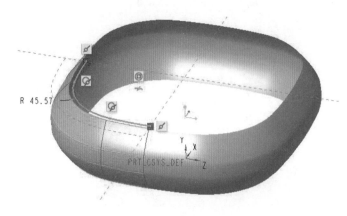

图 202

新建基准面DTM7，选取DTM2面，向下平移2mm，如图203所示。

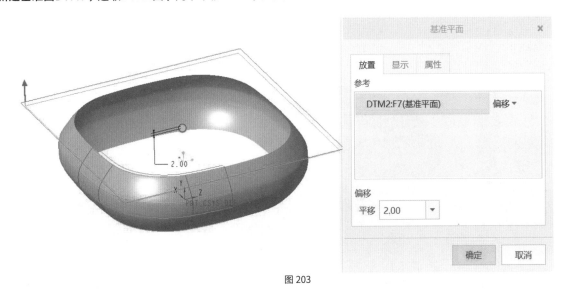

图 203

点击草绘 ✎ ▶ 投影 ☐ 投影 ▶点击曲线草绘2 ▶ 点击工具栏 ⎆ 偏移，向内偏移18mm，并删除投影曲线 ▶ 确定，即生成草绘7，如图204所示。

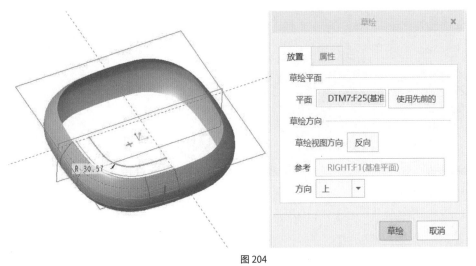

图 204

步骤 10

绘制上盖曲面，单击样式命令 ⎙，依次以RIGHT、DTM4、DTM3、FRONT面为活动平面，绘制样式4 ▶ 绘制边界混合4（注意约束条件的调整）▶ 确定，如图205所示。

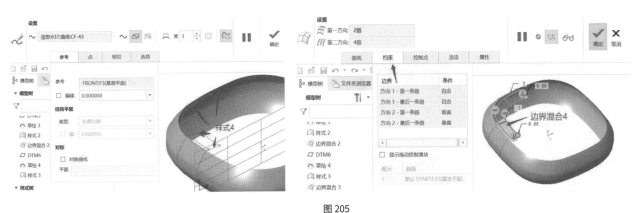

图 205

同理，创建边界混合5，如图206所示。

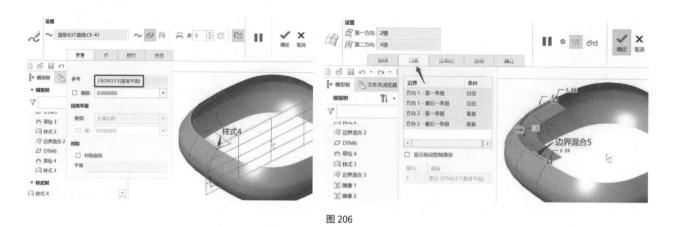

图 206

点击屏幕右下角过滤器，选取面组 ▶ 按住Ctrl选两个曲面 ▶ 点击工具栏合并 🔗合并 ▶ 确定，如图207所示。

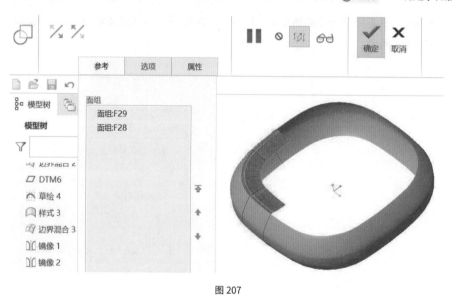

图 207

选取以上合并面组 ▶ 分别以RIGHT、FRONT面为对称面，再合并曲面，如图208所示。

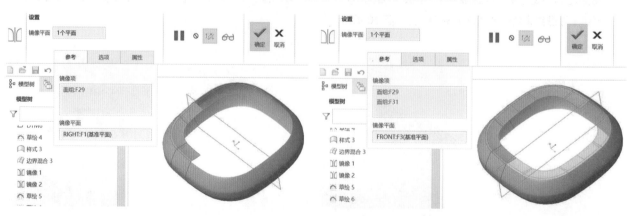

图 208

步骤 11

绘制上盖曲面。新建基准面 ▱ DTM8，DTM2向上偏移1.8mm，如图209所示。

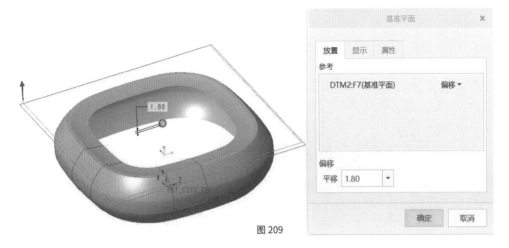

图 209

新建基准面 ▱ DTM9，FRONT向左偏移68.5mm，如图210所示。

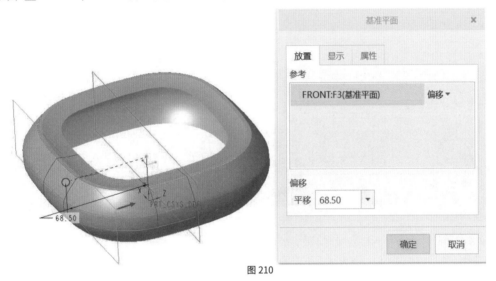

图 210

新建基准面 ▱ DTM10，RIGHT向前偏移63.4mm，如图211所示。

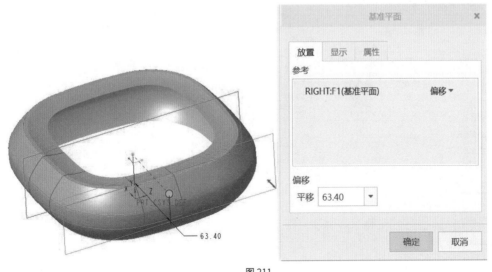

图 211

点击草绘 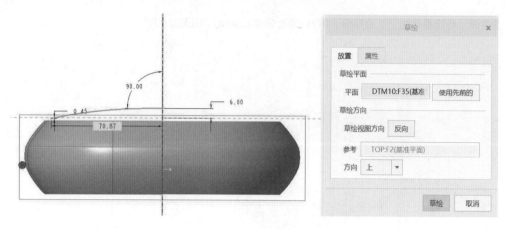 ，选基准面DTM10草绘平面，参考方向和草绘样条线，即草绘8，如图212所示。

图212

点击草绘 ，以RIGHT为草绘平面，草绘样条，即草绘9，如图213所示。

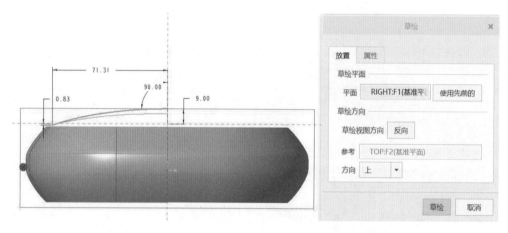

图213

分别以FRONT、DTM9为活动平面，点击样式命令 样式 ，绘制样式5，如图214所示。

（注意：按下图调整曲线两端控制杆的约束。）

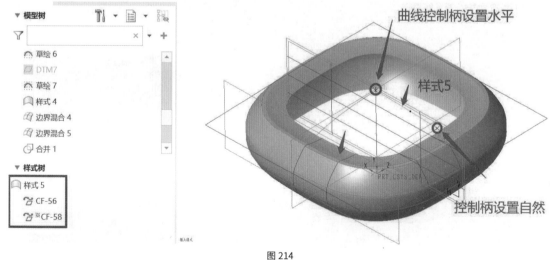

图214

利用上面四条曲线创建边界混合曲面（注意约束条件的调整），即边界混合6，如图215所示。

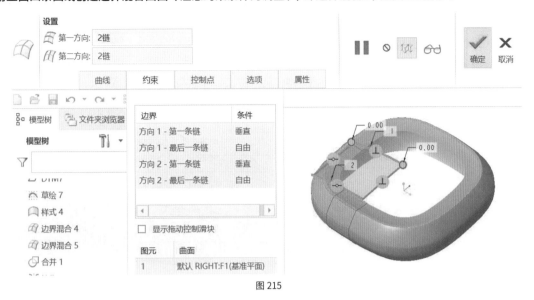

图 215

点击草绘 ✎ **，以DTM8为草绘平面，草绘如下图所示曲线，即草绘10，如图216所示。**

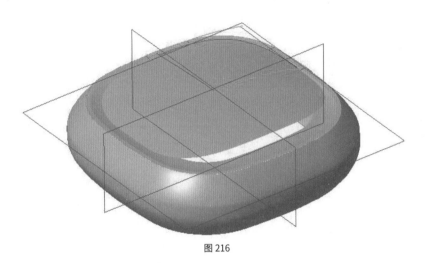

图 216

单击草绘10曲线 ▶ 点击工具栏投影 ▢ 投影 ▶ 点击边界混合曲面6 ▶ 确定，如图217所示。

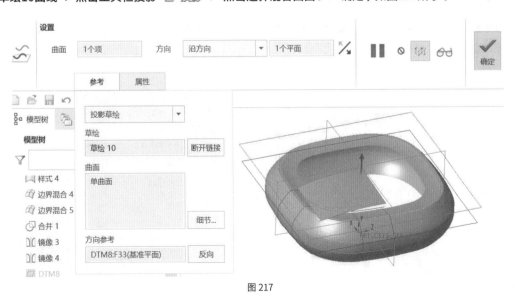

图 217

点击边界混合6 ▶ 点击工具栏修剪 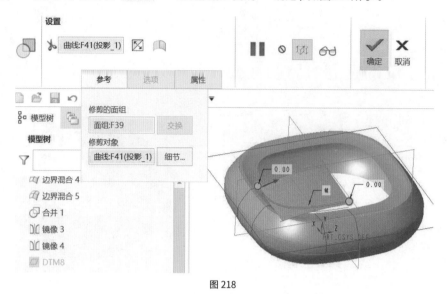 修剪 ▶ 点击投影1 曲线 ▶ 确定，如图218所示。

图 218

将修剪好的曲面分别镜像得到上盖曲面，如图219所示。

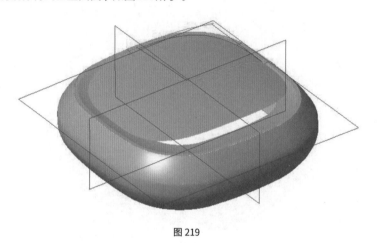

图 219

步骤 12

绘制下壳平台曲面。单击草绘 ✎ ，选择DTM6为草绘平面，参考方向和草绘（利用投影 ▢ 投影 和偏移，向内偏移5mm）如图220所示，即草绘11。

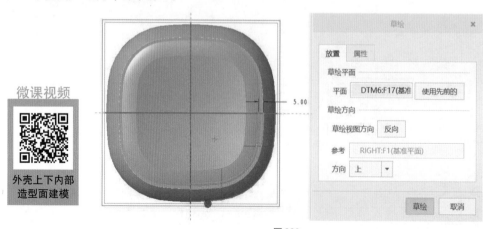

微课视频

外壳上下内部
造型面建模

图 220

3.3 车载空气净化器设计

单击样式命令 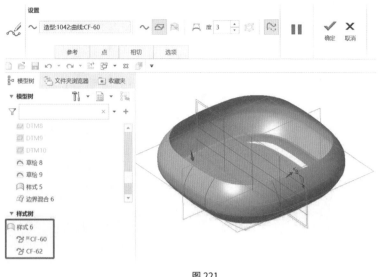 ，分别以FRONT和RIGHT面为活动平面，绘制样式6，如图221所示。

图 221

点击边界混合命令 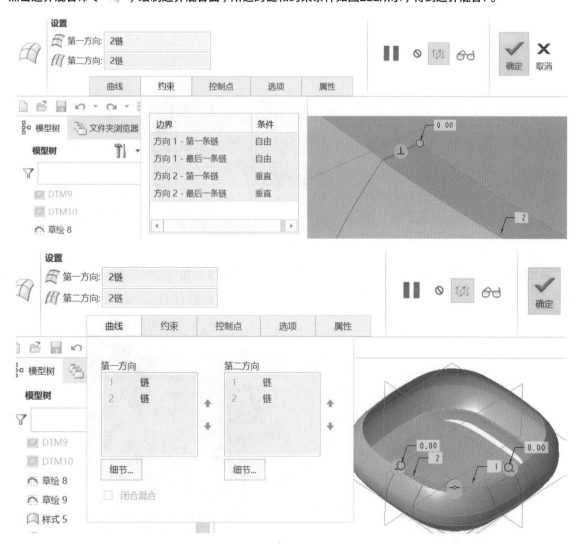 ，绘制边界混合面，所选的链和约束条件如图222所示，得到边界混合7。

图 222

新建基准面 DTM11，如图223所示。

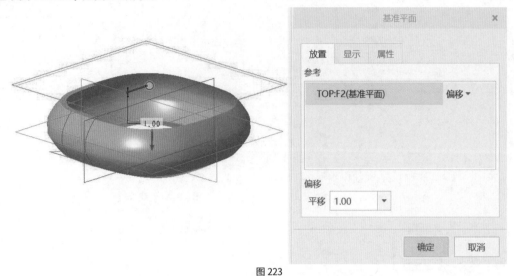

图 223

点击草绘 ，以DTM11为草绘平面，参考方向和草绘（利用投影、偏移2.5mm），即草绘12，如图224所示。

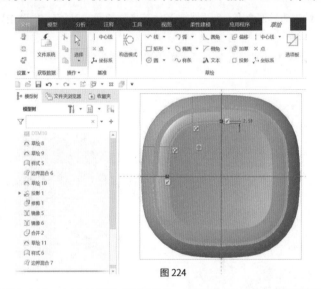

图 224

单击样式命令 ，分别以FRONT、RIGHT面为活动平面，绘制样式7，使曲线控制杆相切于边界混合7，如图225所示。

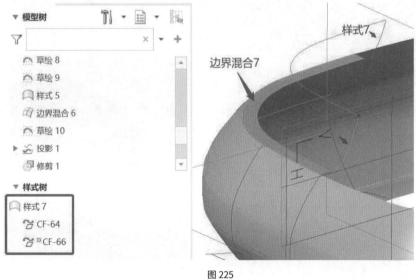

图 225

点击边界混合命令 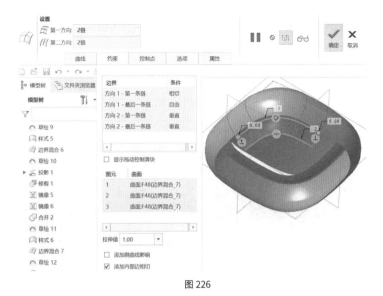 ，构建边界混合8，如图226所示。

图 226

步骤 13

选择步骤12的两个曲面，点击合并命令 合并 ，让两个面合并，如图227所示。

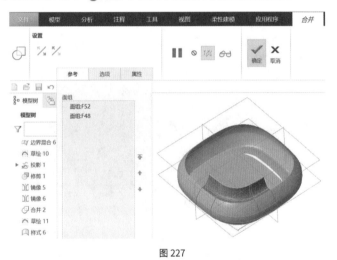

图 227

步骤 14

选择步骤13合并好的曲面。点击镜像命令 镜像 ，选择RIGHT面为镜像面，镜像曲面，点击确定，如图228所示。

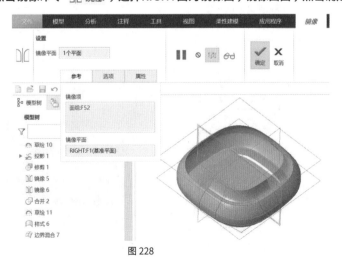

图 228

步骤 15

点击拉伸命令 ▶ 选择DTM4基准面，点击 ▶ 绘制一个横线 ▶ 点击确认，退出草绘 ▶ 点击拉伸命令 深度选择双面拉伸，输入值200mm ▶ 确定，完成拉伸，如图229所示 。

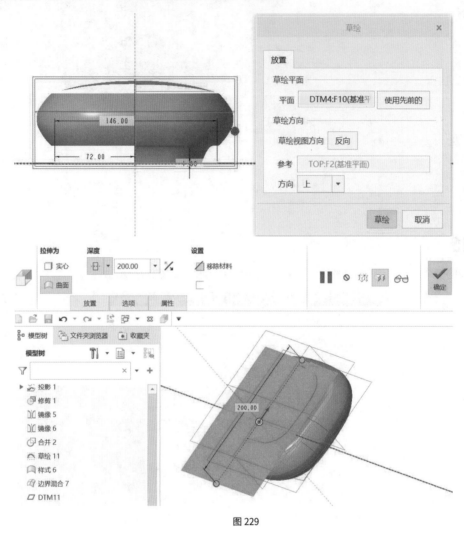

图 229

步骤 16

点击选择步骤15的拉伸曲面，点击修剪命令 ▶ 选择步骤13的合并曲面为被修剪面 ▶ 确定，如图230所示 。

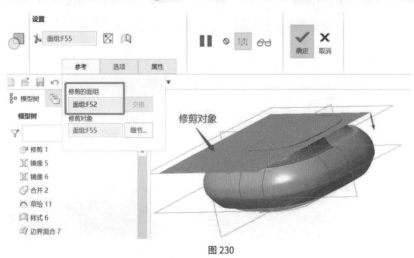

图 230

步骤 **17**

点击拉伸命令 ⬚ ，选择TOP为草绘平面，点击草绘 ⬚ ▶ 绘制一根草绘线 ▶ 确定，退出草绘 ▶ 点击拉伸命令 ⬚ ，
选择拉伸深度，输入值8.4mm ▶ 点击确定，完成拉伸，如图231所示。

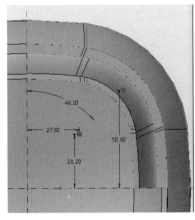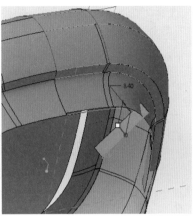

图 231

步骤 **18**

点击草绘 ⬚ ，选择TOP为草绘平面，进入草绘 ⬚ ▶ 绘制草绘线 ▶ 确定，完成草绘命令，如图232所示。

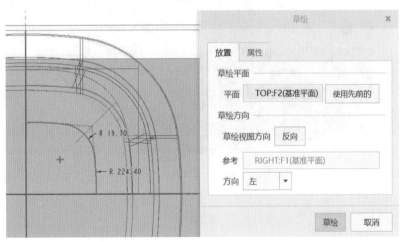

图 232

步骤 **19**

点击样式命令 ⬚ ▶ 选择RIGHT和FRONT为活动平面，绘制两根样式线 ▶ 点击确定完成样式命令，如图233所示。

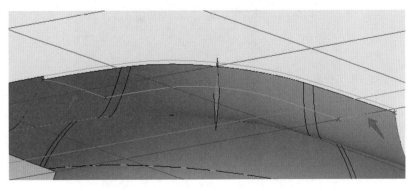

图 233

步骤 20

点击拉伸命令 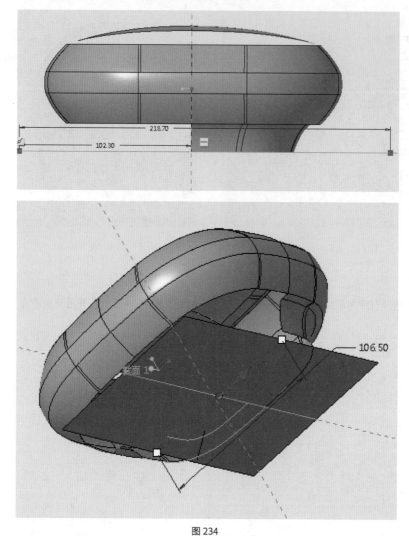 ，选择RIGHT基准面，进入草绘 ▶ 绘制一根草绘线 ▶ 点击确定，退出草绘 ▶ 点击拉伸，选择双面拉伸，输入值106.5mm ▶ 点击确定，完成拉伸，如图234所示。

图 234

步骤 21

选择步骤18的草绘线，点击镜像命令 镜像 ▶ 选择RIGHT为镜像面 ▶ 完成镜像 ▶ 再选择刚镜像的线和步骤18的草绘线点击镜像命令 镜像 ▶ 选择FRONT为镜像面 ▶ 点击完成镜像，如图235所示。

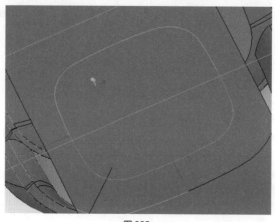

图 235

步骤 *22*

选择步骤21镜像的线，点击修剪命令 🔲修剪 ▶ 选择步骤20的拉伸曲面为被修剪面 ▶ 确定完成，如图236所示。

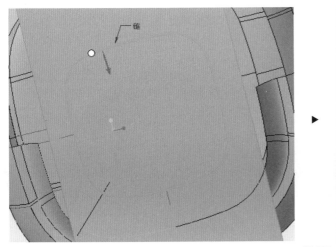 ▶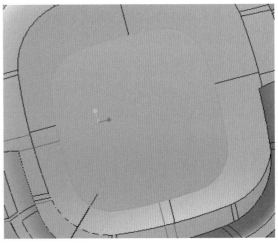

图 236

步骤 *23*

点击边界混合命令 🔲，进入边界混合界面 ▶ 选择步骤21的镜像线和步骤16修剪出来的线，再选择步骤19的两根样式线，然后约束选择垂直 ▶ 完成边界混合，如图237所示。

步骤 *24*

选择步骤13的合并面和步骤23的曲面，点击合并命令 🔲合并 ▶ 确定两个面合并，如图238所示。

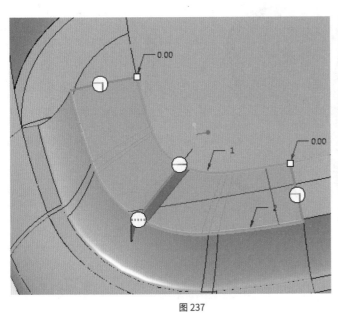

图 237

图 238

步骤 **25**

选择步骤23的合并曲面，点击镜像命令 ▯▮镜像 ▶ 选择FRONT为镜像面 ▶ 确定完成镜像 ▶ 再选择步骤23的合并曲面和刚通过FRONT镜像的曲面 ▶ 点击合并命令 ⬡合并 ▶ 确定完成合并 ▶ 再选择刚合并好的曲面,点击镜像命令 ▯▮镜像 ▶ 选择RIGHT面为镜像面 ▶ 确定完成镜像 ▶ 选择刚合并的面和镜像的面 ▶ 点击合并命令 ⬡合并 ▶ 确定完成合并，如图239所示。

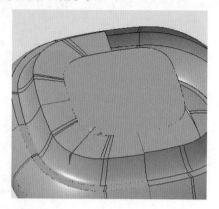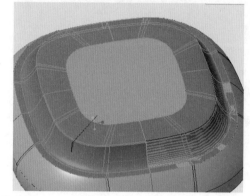

图 239

步骤 **26**

用合并命令 ⬡合并 ，把之前镜像的面都合并到一起，如图240所示。

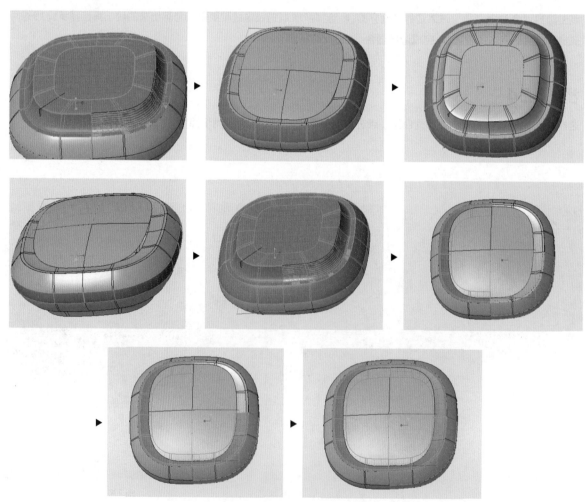

图 240

步骤 **27**

点击拉伸命令 　，选择曲面，选择FRONT为草绘面进入草绘 ▶ 绘制一个弧线，点击确定完成草绘 ▶ 选择拉伸深度值104.2mm ▶ 确定完成拉伸，如图241所示。

微课视频

外壳侧面按钮
造型面建模

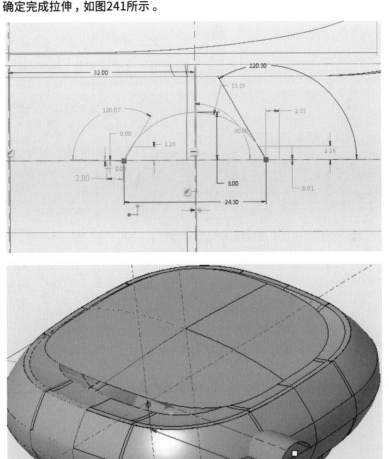

图 241

步骤 **28**

选择步骤26的拉伸曲面，点击修剪命令 　修剪 ▶ 选择步骤25里的合并曲面为被修剪面 ▶ 确定完成修剪，如图242所示。

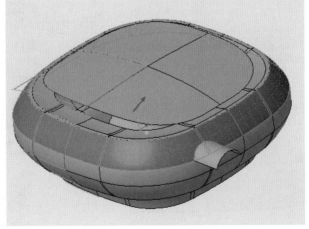

图 242

步骤 29

新建基准面 ▱ DTM12，选择DTM1 ▸ 输入偏移数值6mm ▸ 确定完成，如图243所示。

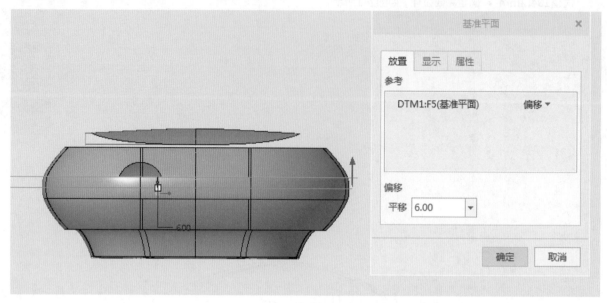

图 243

步骤 30

选择步骤26的拉伸曲面，点击镜像命令 ⫴镜像 ▸ 选择步骤28的基准面为镜像面 ▸ 确定完成镜像，如图244所示。

步骤 31

选择步骤29镜像的面，点击修剪命令 ▱修剪 ▸ 选择步骤25里的合并曲面为被修剪面 ▸ 确定完成修剪，如图245所示。

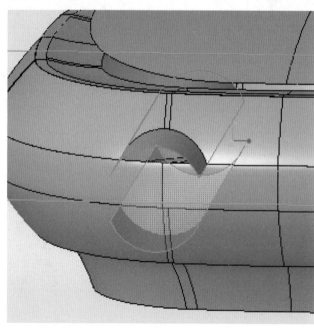

图 244

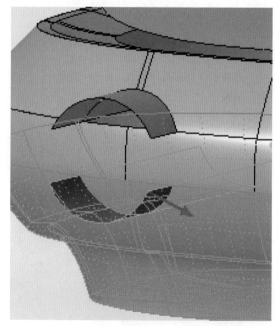

图 245

步骤 **32**

选择上壳曲面，点击合并命令 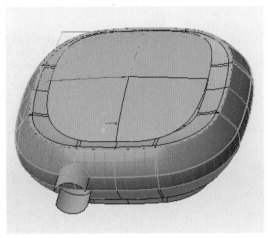 合并 ▶ 确定，完成合并曲面，如图246所示。

图 246

步骤 **33**

点击拉伸命令 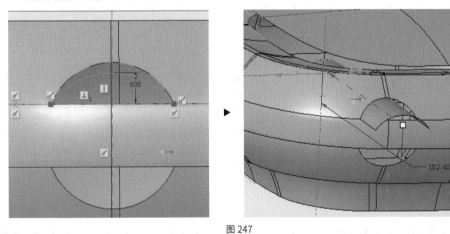 ，选择曲面，选择FRONT为草绘平面，进入草绘 ▶ 绘制一根弧线，点击确定草绘 ▶ 拉伸深度值 102.4mm ▶ 确定完成拉伸，即拉伸5，如图247所示。

图 247

步骤 **34**

点击样式命令 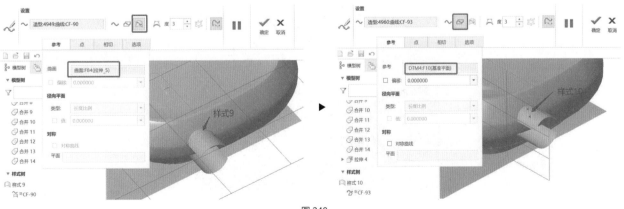 ▶ 选择曲面上样式曲线（见下图左），画一根样式线 ▶ 再选择DTM4为活动平面，绘制第二根样式平面曲线（见下图右）▶ 点击确定完成命令，如图248所示。

图 248

步骤 35

点击边界混合命令　▶　选择步骤34的两个样式线和外壳上的线　▶　确定完成边界混合，如图249所示。

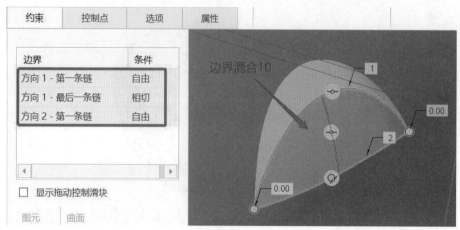

图 249

步骤 36

点击草绘　，选择DTM1为草绘平面，进入草绘　▶　绘制一根草绘线　▶　确定完成草绘，如图250所示。

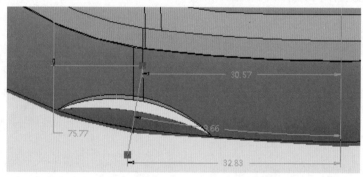

图 250

步骤 37

选择步骤36画的草绘线，点击拉伸命令　▶　选择双向拉伸，输入值52.1mm　▶　确定完成拉伸，如图251所示。

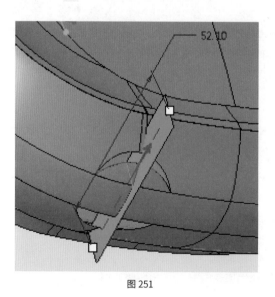

图 251

步骤 38

点击样式命令 ⬚ ，选择步骤37的拉伸面为活动平面 ▶ 绘制一条样式线 ▶ 确定完成，如图 252所示。

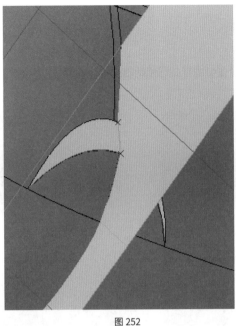

图 252

步骤 39

点击边界混合命令 ⬚ ▶ 选择步骤38的样式线和两根弧线 ▶ 确定完成边界混合，如图253所示 。

步骤 40

选择步骤39的边界混合面，点击镜像命令 ⬚ 镜像 ▶ 选择步骤29的基准面为镜像面 ▶ 确定完成镜像，如图254所示 。

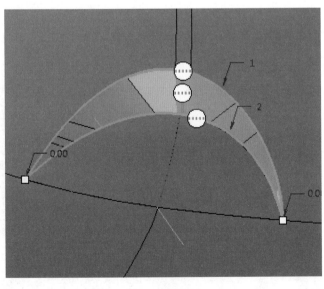

图 253

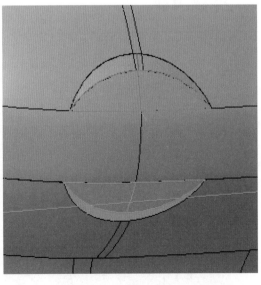

图 254

步骤 41

点击样式命令 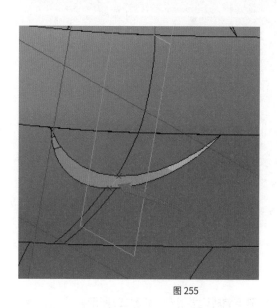 ，选择步骤37的拉伸面为活动平面 ▶ 绘制一条样式线 ▶ 确定完成样式线，如图255所示。

步骤 42

点击边界混合命令 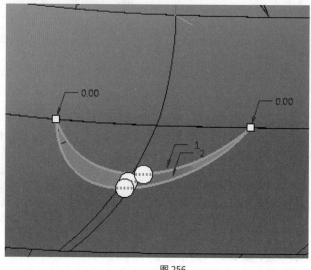 ▶ 选择步骤41的样式线和两根弧线 ▶ 确定完成边界混合，如图256所示。

图 255

图 256

步骤 43

选择步骤42和步骤40的曲面，点击合并命令 合并 ▶ 确定完成合并，如图257所示。

步骤 44

选择步骤39和步骤35的曲面，点击合并命令 合并 ▶ 确定完成合并，如图258所示。

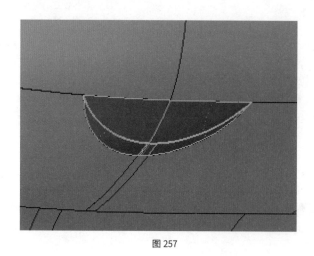

图 257

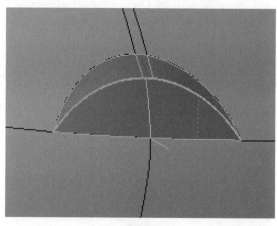

图 258

至此，车载空气净化器的master建模全部完成，如图259所示。

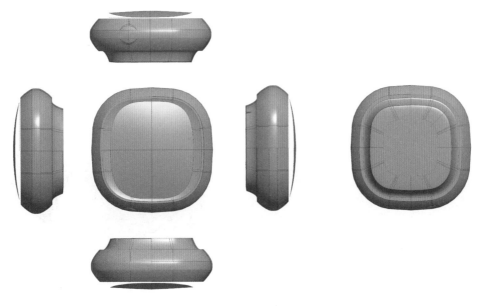

图 259

3.3.2 零件与装配体展示

车载空气净化器部分零件与装配体和分解图如图260所示。

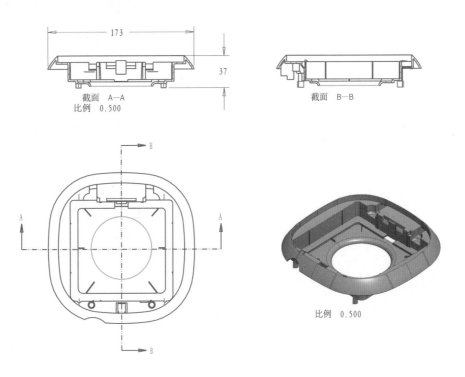

截面 A—A
比例 0.500

截面 B—B

比例 0.500

车载空气净化器上壳零件与外形视图和外形尺寸

图 260(一)

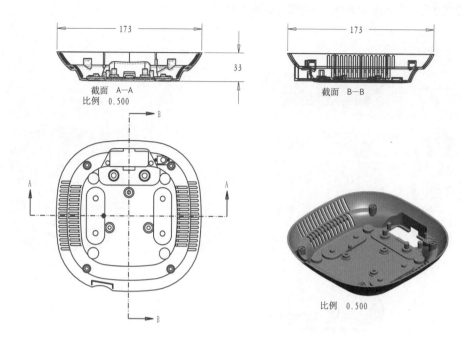

车载空气净化器下壳零件与外形视图和外形尺寸

图 260(二)

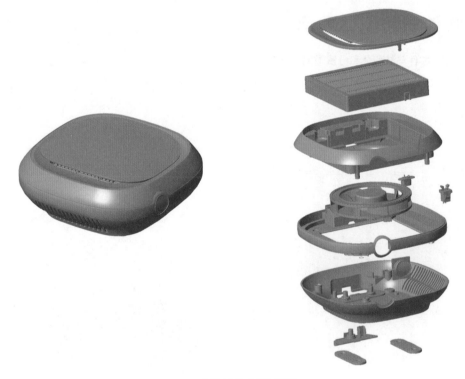

车载空气净化器及分解图

图 260(三)

本案例建模源文件下载路径：\ https://www.xingshuiyun.com \ Creo 6.0产品造型设计与实例:微课视频版 \ 数字资源 \ 拓展资料 \ 3.3车载空气净化器源文件

视频路径：\ https://www.xingshuiyun.com \ Creo 6.0产品造型设计与实例:微课视频版 \ 数字资源 \ 视频课 \ 车载空气净化器master建模步骤视频

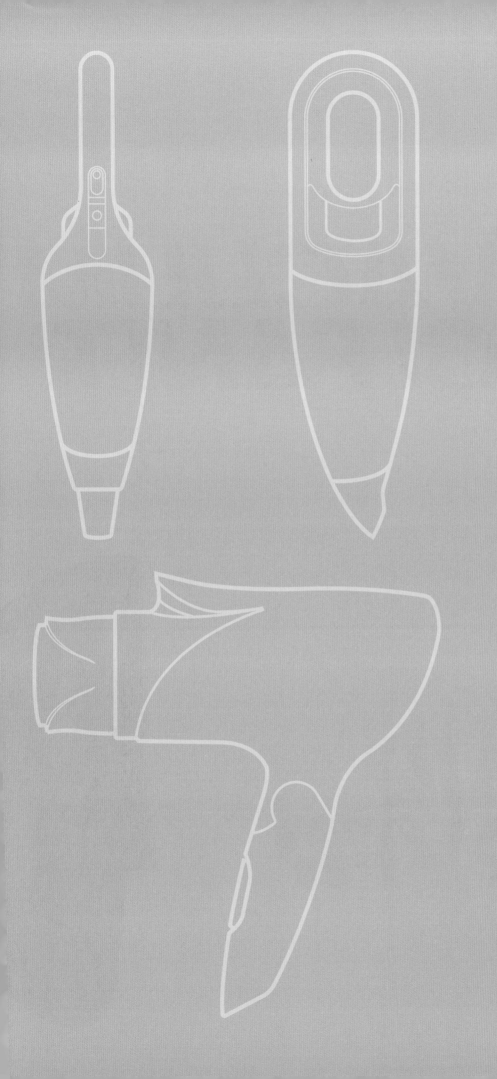

04

课程设计实例

COURSE EXAMPLE

- 课程设计要求与评分标准
- 产品测绘准备与方法
- master建模步骤
- 产品建模与渲染
- 课程展板 / 报告册

PHILIPS MiniVac 家用小型吸尘器 FC6142 / 01

VACUUM CLEANER

Panasonic 吹风机 EH - NF34 - N

HAIR DRYER

4.1 吸尘器产品测绘、建模与渲染

4.1.1 课程设计要求与评分标准

作业内容 实践方式	根据选定的产品，分析产品、拆装产品并编号后，用Creo 6.0软件绘制零件与装配体： 1. 产品外壳上可见的每个零件实体模型； 2. 由零件组装产品的装配体，并编辑产品的分解图（按合适的轴线方向展开）； 3. 导出每个零件的外形图并标注外形尺寸，导出产品装配体的外形图并标注长、宽、高； 4. 对产品装配体和分解图用keyshot软件进行渲染。
作业格式	mater建模步骤说明文档 ＋ 展板制作。
作业要求	1. 在完成产品拆装过程中，应对每个零件编号，包括产品内部的电子件组（但不必建模）， 　　并记清楚零件的装配关系，用照片记录拆装过程； 2. 自备小型组合工具，并注意装拆安全。
作业评分	1. 产品完成的完整度（15%）； 2. 产品整体难易程度（15%）； 3. 产品建模的精准度（25%）； 4. 产品报告的美观度（25%）； 5. 实践过程的认真度（10%）； 6. 大作业过程准时度（10%）。

4.1.2 吸尘器master建模步骤

步骤 *01*

单击草绘命令工具栏中的 □ 矩形 ▾ 按钮，在FRONT、TOP、LEFT。

步骤 *02*

三个平面上分别画出 400mmx110mm 、400mmx110mm 、110mmx110mm大小的3个矩形，确定产品大小。得到草绘1、草绘2、草绘3，如图1所示。

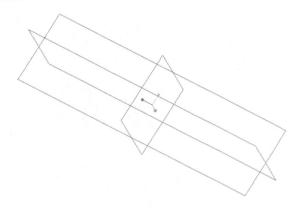

图1

步骤 *03*

在FRONT草绘平面上，分别单击草绘命令工具栏中的 ✓线▾ 、⌒弧▾ 按钮，画出产品轮廓。得到草绘4，如图2所示。

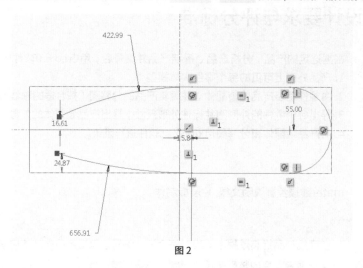

图2

步骤 *04*

在TOP草绘平面上，分别单击草绘命令工具栏中的 ✓线▾ 、⌒弧▾ 按钮，画出产品轮廓。得到草绘5，如图3所示。

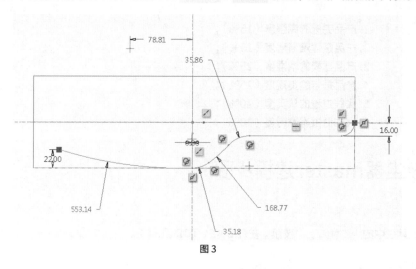

图3

步骤 *05*

在LEFT草绘平面上，单击草绘命令工具栏中的 ⊙圆▾ 按钮，画出产品轮廓，与110mmx110mm的外框相切。得到草绘6，如图4所示。

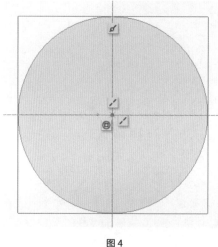

图4

步骤 06

点击RIGHT平面，将其向左偏移159.8mm得到平面DTM1，如图5所示。

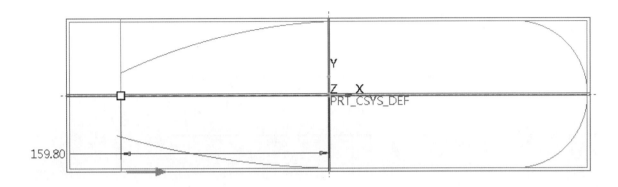

图 5

步骤 07

选择样式命令 样式 ，将平面DTM1设为活动平面 ，选择 后选择 在偏移出的平面上绘制如图所示样条曲线。得到样条1，如图6所示。

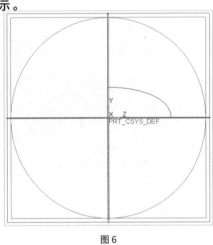

图 6

步骤 08

在FRONT面上新建草绘，用 线 ▼ 弧 ▼ 描出草绘4的x轴上半部分，如图7所示，得到草绘7。

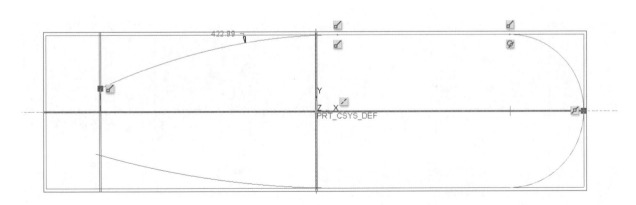

图 7

步骤 09

偏移RIGHT平面，得到平面DTM2，如图8所示。

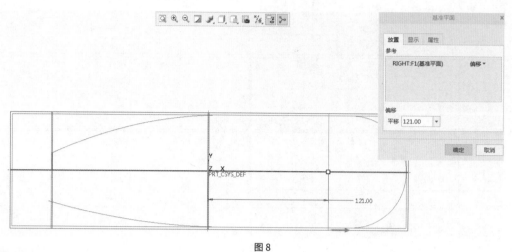

图8

步骤 10

偏移RIGHT平面，得到平面DTM3，如图9所示。

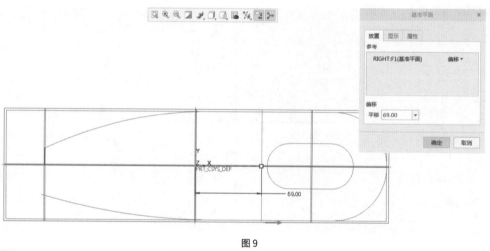

图9

步骤 11

在FRONT平面上绘制如图10所示草绘，得到草绘8。

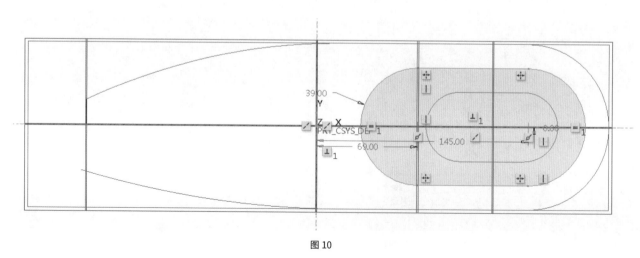

图10

步骤 **12**

在TOP平面上描出草绘5在RIGHT平面右边的部分，如图11所示，得到草绘9。

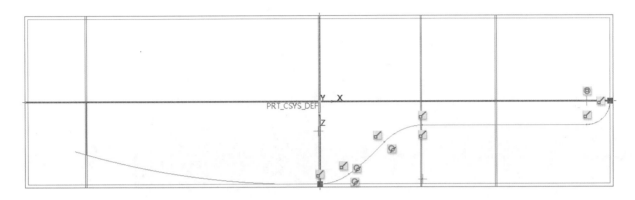

图11

步骤 **13**

以DTM1为活动平面，绘制如图12所示样条线，得到样式1。

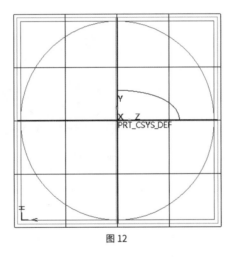

图12

步骤 **14**

拉伸草绘9。得到拉伸1，如图13所示。

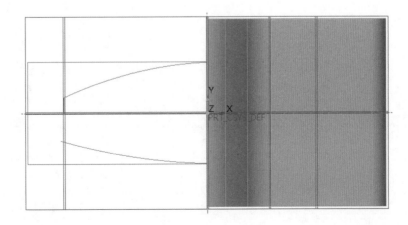

图13

步骤 15

在FRONT平面上绘制草绘，描出草绘8的上半部分。得到草绘10，如图14所示。

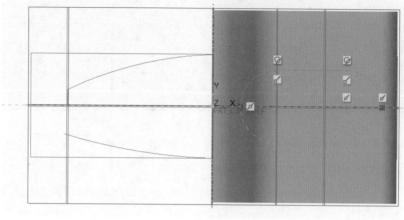

图 14

步骤 16

选择投影命令 投影 将草绘10投影到拉伸1上。得到投影1，如图15所示。

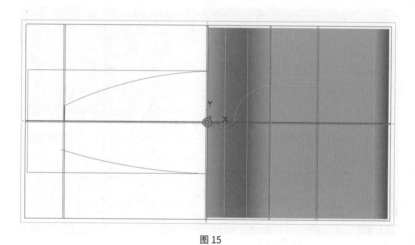

图 15

步骤 17

在TOP平面上绘制圆心在FRONT面上，与草绘5右端直线末尾相切的半圆，如图16所示，得到草绘11。

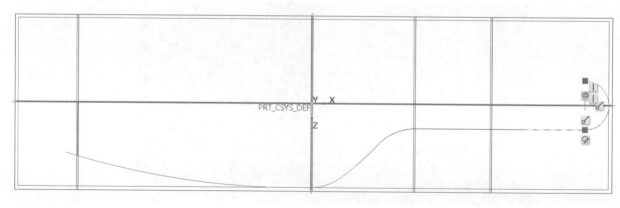

图 16

步骤 *18*

将FRONT平面向前偏移，如图17所示。得到平面DTM4。

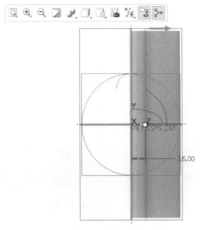

图17

步骤 *19*

描出草绘6的左上1/4，得到草绘12，如图18所示。

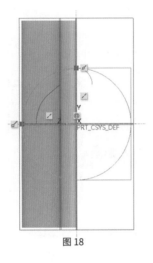

图18

步骤 *20*

描出草绘4的下半部分，得到草绘13，如图19所示。

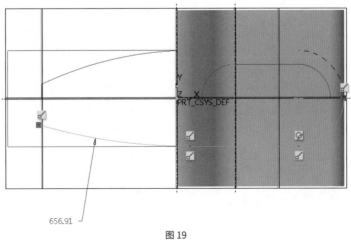

图19

步骤 *21*

以DTM1为活动平面，绘制如图20所示样条线，得到样式2。

步骤 *22*

以RIGHT面为基准面，绘制如图21所示样条，得到样式3。

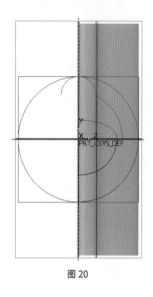

图 20

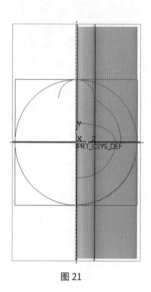

图 21

步骤 *23*

以DTM3为基准面，绘制如图22所示草绘，得到草绘14。

步骤 *24*

以DTM3为基准面，绘制如图23所示草绘，得到草绘15。

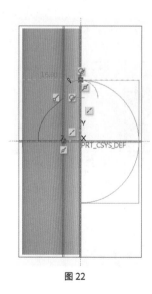

图 22

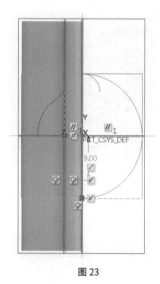

图 23

步骤 25

如图24所示偏移RIGHT平面，得到DTM5。

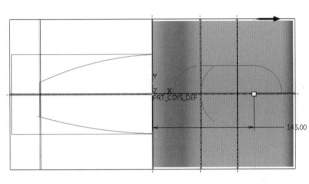

图 24

步骤 26

草绘，描出草绘4最右端的半圆。得到草绘16，如图25所示。

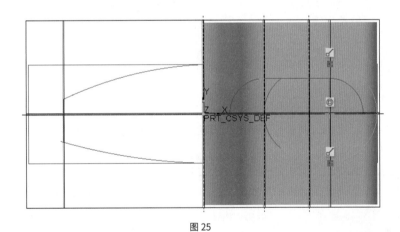

图 25

步骤 27

以DTM5为基准面，绘制如图26所示草绘与草绘14、草绘15重合，
得到草绘17。

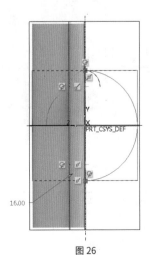

图 26

步骤 28

隐藏辅助面。

步骤 29

依次选择草绘5、草绘7、样式1、草绘12、草绘14、草绘17进行边界混合。得到边界混合1，如图27所示 。

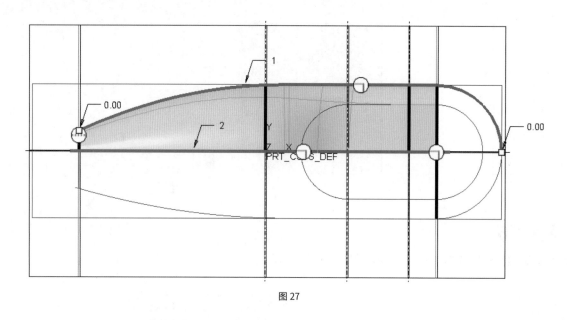

图 27

步骤 30

依次选择草绘5、草绘13、样式2、样式3 、草绘15、草绘17进行边界混合。得到边界混合2，如图28所示 。

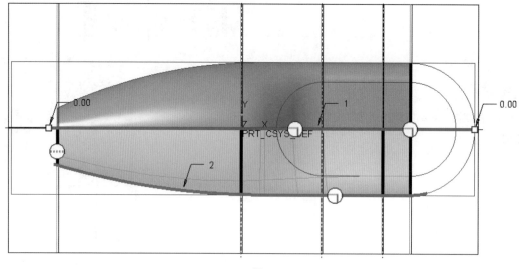

图 28

步骤 *31*

选择边界混合命令 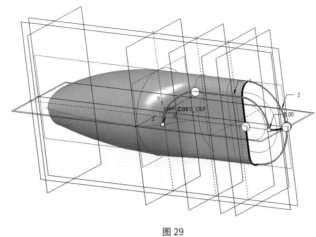 ，分别选择投影1、草绘16、草绘11、草绘17。单击对勾键完成混合。得到边界混合 3，如图29 所示。

图 29

步骤 *32*

同理，选择边界混合命令 ，分别选择镜像1、草绘16、草绘11、草绘17。单击对勾键完成混合。得到边界混合4，如图30所示。

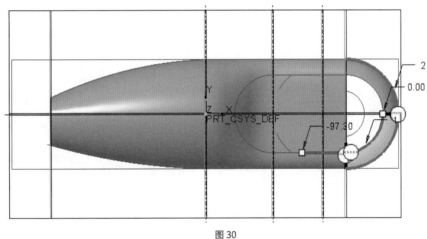

图 30

步骤 *33*

如图31所示，用直线连接边界混合3的下端点、边界混合4的上端点，得到草绘18。

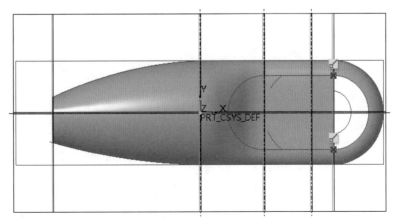

图 31

步骤 34

描出边界混合3、10的右半部分半圆，得到草绘19，如图32所示。

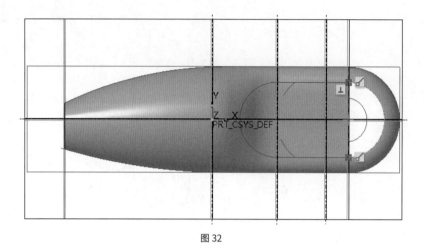

图 32

步骤 35

选择草绘18、草绘19进行边界混合，得到边界混合5，如图33所示。

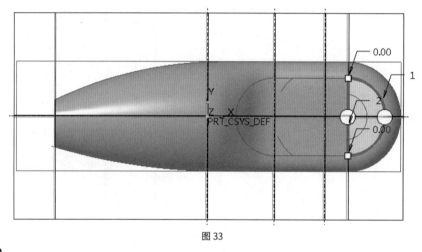

图 33

步骤 36

合并边界混合1、2、3、4、5，得到合并1，如图34所示。

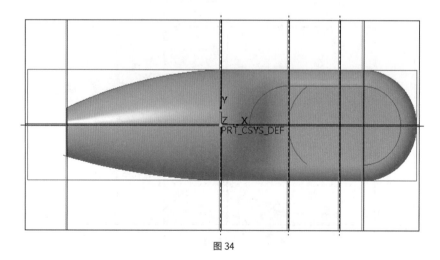

图 34

步骤 *37*

以FRONT面作为镜像平面，镜像合并1。得到镜像1，如图35所示。

步骤 *38*

合并镜像1及合并1，得到合并2，如图36所示。

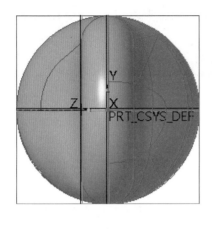

图 35

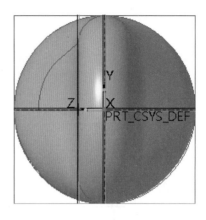

图 36

步骤 *39*

以FRONT面为基准平面，绘制如图37所示草绘，得到草绘20。

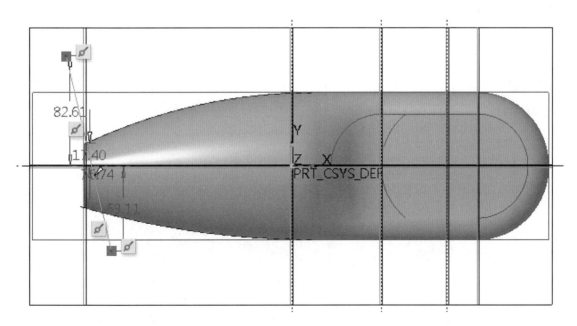

图 37

步骤 *40*

双向拉伸草绘20，选择减去模式，如图38所示。

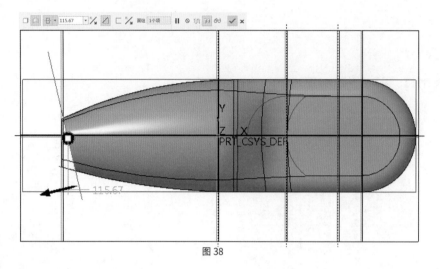

图 38

步骤 *41*

在FRONT面上绘制如图39所示斜线，得到草绘21。

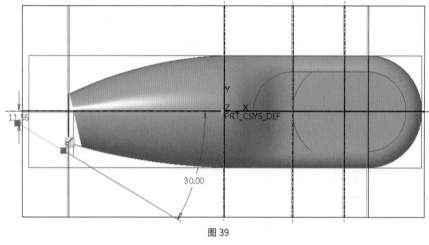

图 39

步骤 *42*

双向拉伸草绘21，得到拉伸4，如图40所示。

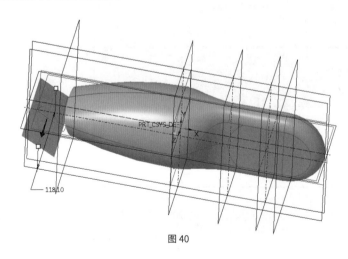

图 40

步骤 *43*

以拉伸4为基准平面，绘制如图41所示草绘，得到草绘22。

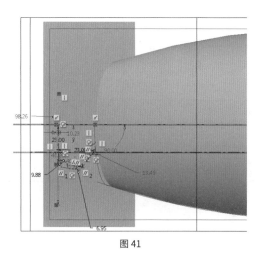

图 41

步骤 *44*

以FRONT面为活动平面，绘制如图42所示两条样条曲线，得到样式4。

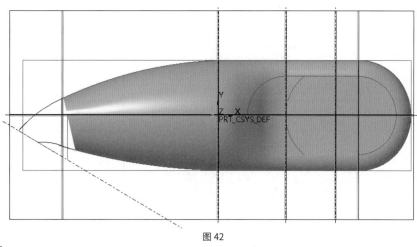

图 42

步骤 *45*

在FRONT平面上绘制如图43所示草绘，得到草绘23。

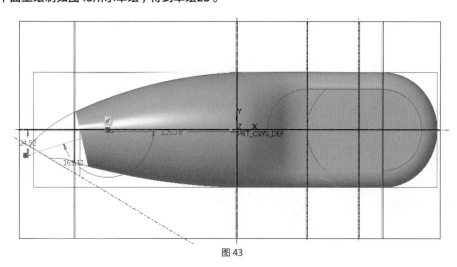

图 43

步骤 **46**

双向拉伸草绘23，如图44所示。得到拉伸5。

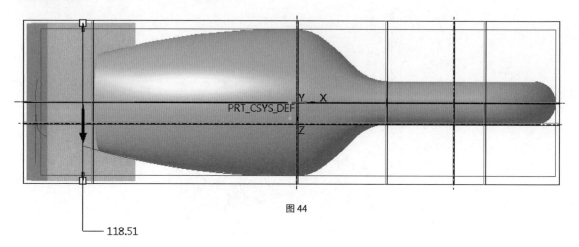

图 44

步骤 **47**

以拉伸5为活动平面，绘制如图45所示样条曲线，得到样条5。

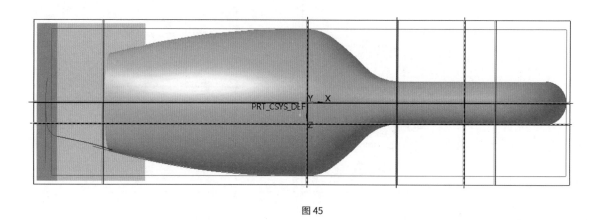

图 45

步骤 **48**

分别选择样式4上链、样式4下链；草绘22、拉伸3的边界进行边界混合，得到边界混合6，如图46所示。

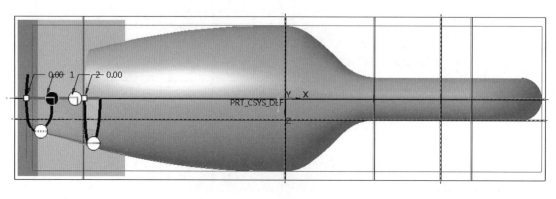

图 46

步骤 49

以FRONT面作为镜像平面，镜像边界混合6。得到镜像2，如图47所示 。

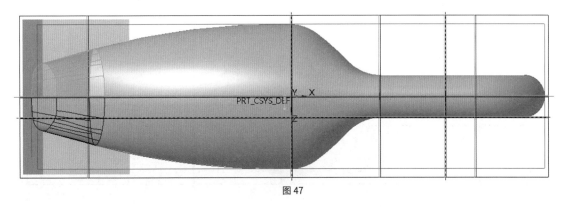

图 47

步骤 50

隐藏辅助平面 。

步骤 51

合并边界混合6和镜像2，得到合并3，如图48所示 。

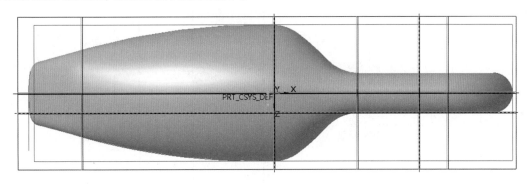

图 48

步骤 52

在FRONT平面上绘制如图49所示草绘，右边圆的圆心在平面DTM5上，得到草绘24 。

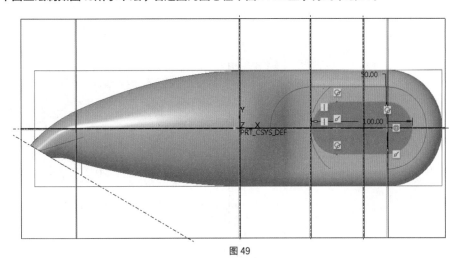

图 49

步骤 53

双向拉伸草绘24，如图50所示，得到拉伸6。

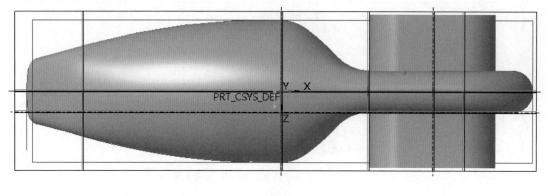

图 50

步骤 54

合并拉伸6及合并2，得到合并4，如图51所示。

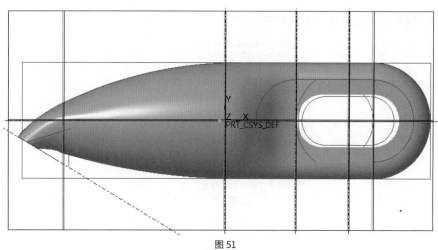

图 51

步骤 55

倒圆角，如图52所示，得到倒圆角1。

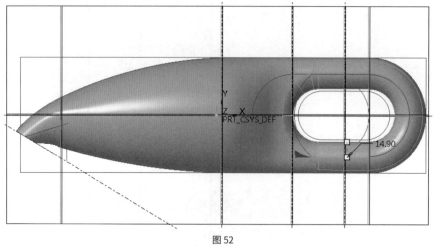

图 52

步骤 56

在FRONT平面上绘制如图53所示草绘，得到草绘25。

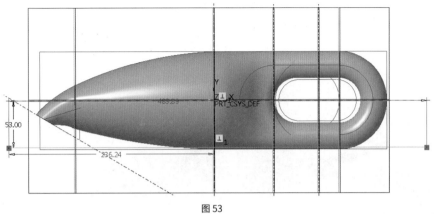

图 53

步骤 57

拉伸草绘25，如图54所示，得到拉伸7。

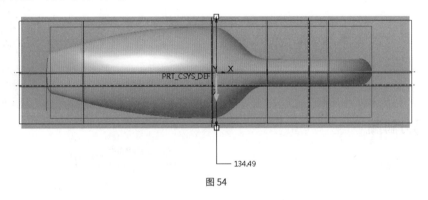

134.49

图 54

步骤 58

合并拉伸7及合并4，得到合并5，如图55所示。

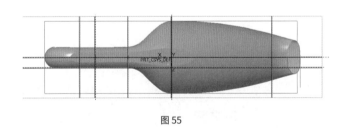

图 55

步骤 59

倒圆角，如图56所示，得到倒圆角3。master完成。

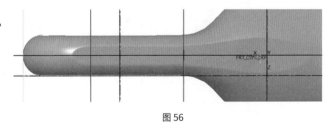

图 56

本案例建模源文件下载路径：\ https://www.xingshuiyun.com\ Creo 6.0
产品造型设计与实例：微课视频版\数字资源\拓展资料\4.1吸尘器源文件

4.1.3 课程展板设计

4.2　吹风机产品测绘、建模与渲染

4.2.1　课程设计要求与评分标准

作业内容实践方式

根据学生选定的产品，分析产品、拆装产品并编号后，用Creo6.0软件绘制零件与装配体：
1. 产品外壳上可见的每个零件实体模型；
2. 由零件组装产品的装配体，并编辑产品的分解图（按合适的轴线方向展开）；
3. 导出每个零件的外形图并标注外形尺寸，导出产品装配体的外形图并标注长、宽、高；
4. 对产品装配体和分解图用keyshot进行渲染。

作业格式

报告册制作：
1. 列表编制每个零件序号、名称、材料、结构（用图片表示）、表面工艺、加工方法及备注列项；
2. 图示每个零件的实体模型与外形视图、产品装配体与其外形视图；
3. 设计形式不限。

作业要求

1. 在完成产品拆装过程中，应对每个零件编号，包括产品内部的电子件组（但不必建模），并记清楚零件的装配关系，用照片记录拆装过程；
2. 自备小型组合工具，并注意装拆安全。

作业评分

1. 产品完成的完整度（15%）；
2. 产品整体难易程度（15%）；
3. 产品建模的精准度（25%）；
4. 产品报告的美观度（25%）；
5. 实践过程的认真度（10%）；
6. 大作业过程准时度（10%）。

4.2.2　产品测绘准备与方法

零部件编号

注释

- 01 外壳
- 02 把手外壳
- 03 电机风叶
- 04 滤网
- 05 整流罩
- 06 风嘴
- 07 灯罩
- 08 开关
- 09 卡扣

■ 零部件表格

序号	零件	名称	数量	尺寸 / mm	材料	表面工艺	成型工艺	备注
01		外壳	2	155 X 140 X 82	PC	喷涂 + UV + 丝网	注塑	壁厚 1.5mm
02		把手外壳	2	130 X 40 X 15	PC	喷涂 + UV + 丝网	注塑	壁厚 1.5mm
03		电机风叶	1	65 X 62	ABS	喷涂	注塑	—
04		滤网	1	70 X 80	PP	喷涂	注塑	—
05		整流罩	1	45 X 45 X 30	PP	喷涂	注塑	—
06		风嘴	1	55 X 65 X 45	亚克力	喷涂 + UV	注塑	—
07		灯罩	1		亚克力	喷涂 + UV	注塑	—
08		开关	2	10 X 30	PC	喷涂 + UV	注塑	—
09		卡扣	1	62 X 72	PC	喷涂	注塑	—

4.2.3　吹风机建模与渲染

■ master 参考

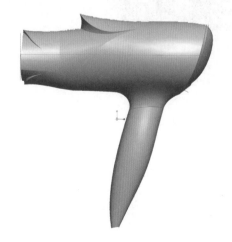
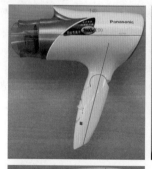

■ 外壳模型·外形视图

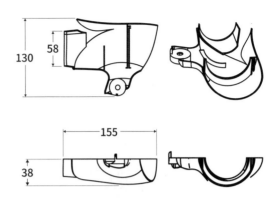

■ 把手壳模型·外形视图

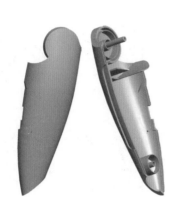

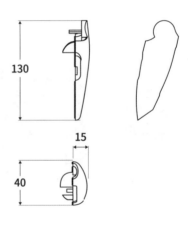

■ 滤网模型·外形视图

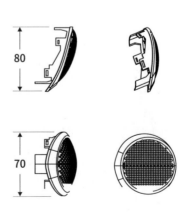

◾ **电机风叶模型·外形视图**

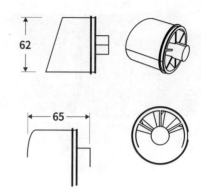

◾ **卡扣模型·外形视图**

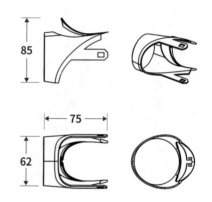

◾ **风嘴模型·外形视图**

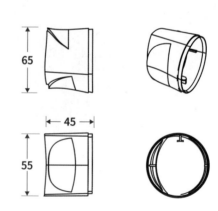

■ 开关模型·外形视图（一）

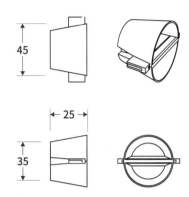

■ 开关模型·外形视图（二）

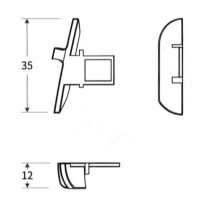

■ 产品渲染效果图

■ **产品爆炸图**

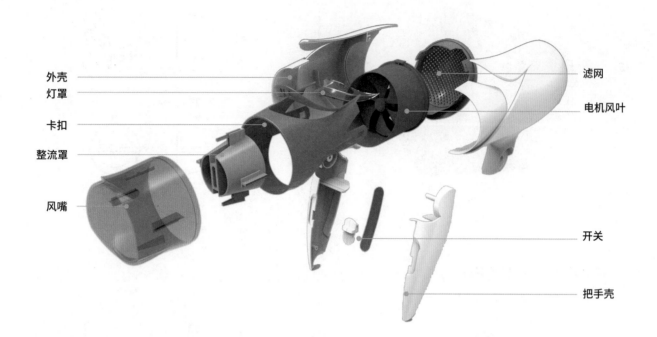

外壳
灯罩
卡扣
整流罩
风嘴

滤网
电机风叶
开关
把手壳

■ **产品色彩方案**

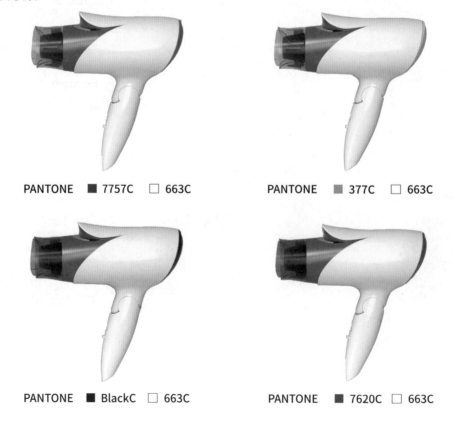

PANTONE ■ 7757C □ 663C   PANTONE ■ 377C □ 663C

PANTONE ■ BlackC □ 663C   PANTONE ■ 7620C □ 663C

本案例建模源文件下载路径：\ https://www.xingshuiyun.com \ Creo 6.0
产品造型设计与实例:微课视频版\数字资源\拓展资料\4.2吹风机源文件

4.2.4 课程报告册设计

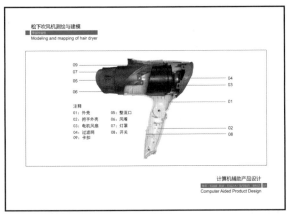

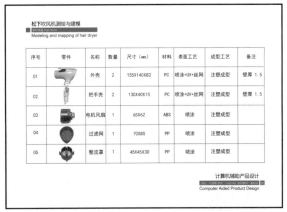

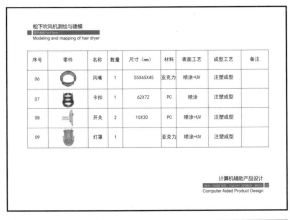

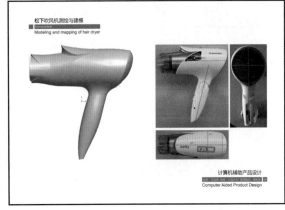

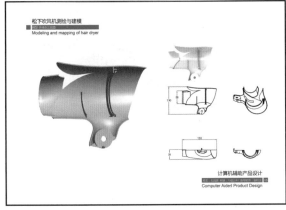

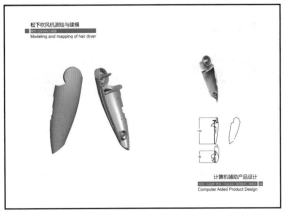

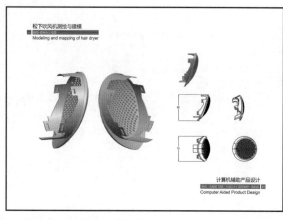
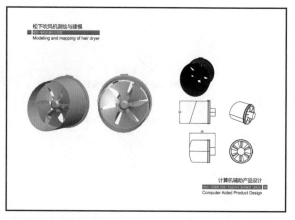
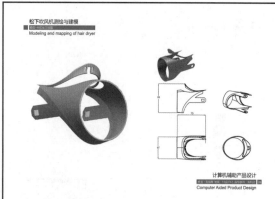
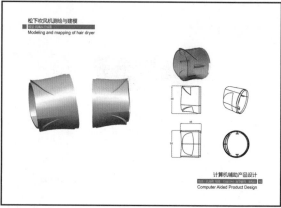
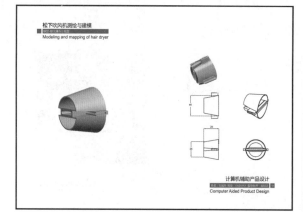
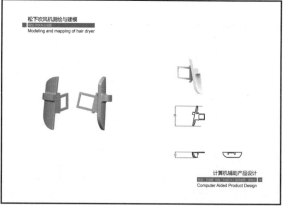
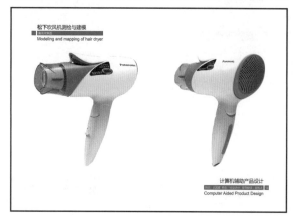
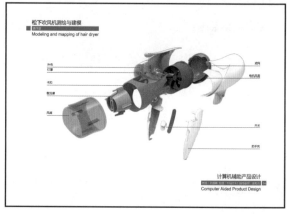

4.2 吹风机产品测绘、建模与渲染

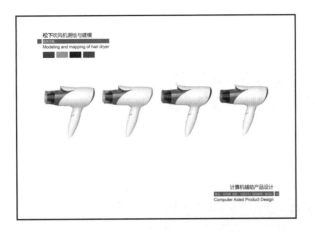

数字资源索引